U0345847

SHANGHAI NATURAL HISTORY MUSEUM

上海自然博物馆设计与技术集成

陈剑秋　杨晓琳　贺康　著

同济大学出版社
TONGJI UNIVERSITY PRESS

图书在版编目（CIP）数据

上海自然博物馆设计与技术集成 / 陈剑秋，杨晓琳，
贺康著 . -- 上海：同济大学出版社，2018.1
　ISBN 978-7-5608-7571-2

　Ⅰ . ①上… Ⅱ . ①陈… ②杨… ③贺… Ⅲ . ①自然历
史博物馆 – 建筑设计 – 上海 Ⅳ . ① TU242.5

　中国版本图书馆 CIP 数据核字 (2017) 第 307664 号

上海自然博物馆设计与技术集成

陈剑秋　杨晓琳　贺康　著

出 品 人　华春荣

策　　划　江 岱　　责任编辑　江 岱　　助理编辑　周希冉　　责任校对　徐春莲　　装帧设计　张 微

出版发行　同济大学出版社 www.tongjipress.com.cn
　　　　　（地址：上海四平路 1239 号　邮编：200092　电话：021–65985622）

经　　销　全国各地新华书店
印　　刷　上海安兴汇东纸业有限公司
开　　本　889mm×1194mm　1/16
印　　张　16
印　　数　1—2 100
字　　数　512 000
版　　次　2018 年 1 月第 1 版　　2018 年 1 月第 1 次印刷
书　　号　ISBN 978-7-5608-7571-2
定　　价　160.00 元

前言

上海自然博物馆新馆（以下简称"上海自然博物馆"）位于上海市静安区、山海关路、大田路交界处，静安雕塑公园北面，是一座五层的展览性建筑，总建筑面积约为 4.5 万平方米。其前身可以追溯至成立于 1874 年的亚洲文会上海博物院和成立于 1868 年的徐家汇博物院（后更名为震旦博物院）。上海自然博物馆项目于 2006 年开始筹备，2014 年建成。如今的上海自然博物馆是一所囊括古生物学、植物学、动物学、人类学、地质学、天文学等多种学科的综合性自然博物馆，它正逐渐成为上海的文化新地标。

由于上海自然博物馆的场地位于城市中心区，周边环境复杂，因而如何更好地契合城市氛围，同时为城市营造更好的公共活动空间成为设计的核心。设计者在充分考虑城市环境因素之后，最终形成一个与雕塑公园相融合，为城市提供多元活动体验的方案。

上海自然博物馆的建筑方案采用"绿螺"的形体概念，并从山、水、陆地、岩石中提炼出建筑材料语汇，反映在建筑的外立面上。最终呈现的建筑外观和景观配置，呼应自然博物馆的展览主题和特色，形成城市中集展览、教育、社交和自然体验为一体的新型公共活动场所。

上海自然博物馆的设计贯穿生态环保、节能减排的理念，积极探索绿色技术，实现对资源最大化的利用与循环。博物馆在场馆建设上集成与博物馆建筑特点相适应的生态节能技术，系统地建立了包含幕墙、绿化、地源热泵、热回收、自然通风在内的十二个生态节能技术体系，将绿色理念、绿色技术与建筑设计完美结合，成为绿色设计的标杆以及绿色、生态、节能建筑的典范。上海自然博物馆项目获得国家绿色建筑设计、运行三星级标识，绿色能源与环境设计先锋奖（LEED）金奖，还获得全国绿色建筑创新奖一等奖、全国优秀工程设计绿色建筑一等奖、国家优质工程鲁班奖等各大奖项。

本书共有五个章节，第一章简要介绍国内外几大主要自然博物馆的历史发展脉络，展望未来自然博物馆的发展趋势。第二章讲述上海自然博物馆与城市、场地、环境的关系。第三章详细分析建筑方案的生成过程。第四章将建筑的各个立面剖解开来，解读绿色设计和绿色技术在实际运用中的可能。第五章展现了绿色运营的实际成果。

随着上海自然博物馆的开放，越来越多的人走进博物馆，为整个建筑注入了更多的生命力。在绿色技术的支持下，上海自然博物馆已不仅仅是一栋建筑，它更像是一个生命有机体，在城市中呼吸，使城市变得绿意盎然。

感谢陆茜茜、杨心悦、陈家豪、方浩、胡彪、李江宁、连晓俊、刘宇阳、吴晓航、周宝林等人为本书的编写所做的大量工作。

上海自然博物馆从设计到建设，离不开业主单位上海科技馆的大力支持，特别是顾建生馆长、李岩松部长、徐晓红部长、陈炳华部长等，在漫长的项目过程中给予了充分的信任，这是项目设计得以顺利完成的重要保障，在此表示衷心的感谢。

感谢外方设计团队，尤其是美国帕金斯维尔（Perkins+Will）建筑设计事务所在项目过程中与我们通力合作，他们严谨的工作作风和精益求精的工作态度，对项目的高质量完成起到重要的作用。特别感谢外方主设计师拉尔夫•约翰逊（Ralph Johnson）先生和项目总监陈昕昉女士的帮助。

感谢同济设计团队的各位同仁——雷涛、张鸿武、郑毅敏、杨民、钱必华、蔡英琪、严志峰、贾坚、周致芬、高一鹏、李学平、孙艳萍、钱梓楠等在项目过程中的付出与努力，尤其感谢全国勘察设计大师丁洁民教授、集团党委书记王健教授对项目设计的全程指导。

感谢绿建顾问单位同济大学建筑设计研究院（集团）有限公司技术发展部的汪铮、车学娅、王颖等人，课题研究合作单位的于兵总经理、LEED咨询顾问李书谊等在绿色技术方面提供的理论和技术支持。项目施工合作单位——施工总包上海建工（集团）总公司和施工监理上海天佑工程咨询有限公司的团队也为项目的顺利完成作出了很大的贡献。

本书的部分图片来源于美国帕金斯维尔建筑设计事务所。此外，本书在编写过程中参考了很多国内外同行的相关资料、图片及论著，并尽可能在文中一一列出，如有疏漏，敬请谅解。

书中若有不妥之处，恳请广大读者批评指正。

陈剑秋、杨晓琳、贺康

2017 年 12 月

目录

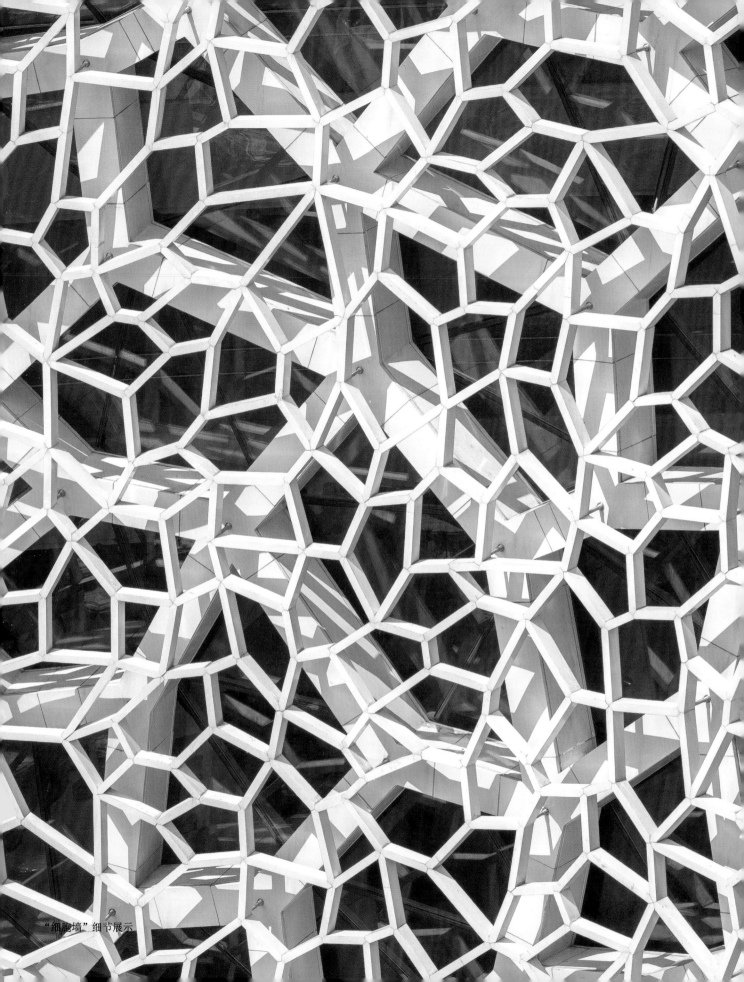

"细胞墙"细节展示

第一章

自然博物馆的历史发展与现状
The Historical Background, Development and
Current Situation of Natural History Musuem

自然博物馆的概况
Brief Introduction to Natural History Musuem

自然博物馆的起源与发展
The Development of Natural History Museum

上海自然博物馆的历史
The History of Shanghai Natural History Museum

自然博物馆的概况

自然博物馆的定义

1946 年国际博物馆协会（ICOM）在法国巴黎成立。1974 年，协会于哥本哈根召开第 11 届大会，并通过《国际博物馆协会章程》明确定义：博物馆是为社会及其发展服务的非营利的永久机构，并向公众开放。它为研究、教育、欣赏之目的征集、保护、研究、传播并展示人类及人类环境的见证物。2007 年，协会对博物馆的定义做了新的修订，将"见证物"更改为"物质和非物质遗产"，将"教育"放到了"研究"和"欣赏"之前，即"博物馆为教育、研究、欣赏之目的征集、保护、研究、传播并展示人类及人类环境的物质及非物质文化遗产"。这是目前关于博物馆最具权威性的词条解释之一，它为各国确定本国的博物馆定义提供了参考。

《辞海》第六版对于自然博物馆的定义为：自然博物馆，或称"自然历史博物馆"，是一类采集、收藏国家古今自然资源标本，进行科学研究，普及科学知识的科普教育机构。一般通过陈列展览等主要形式，展示天体史、地球史、生物史和人类发展史的自然历史事实，反映国家或地方的自然资源及其利用、控制和改造，宣传辨证唯物主义、历史唯物主义和进行爱国主义教育，丰富群众的科学知识，并为促进工农业生产、科学研究、文化教育提供资料。

大英博物馆外景

自然博物馆的分类

博物馆通常分为历史类、科学与技术类、艺术类及综合类四大类型，自然博物馆属于科学类博物馆，又可细分为综合性自然博物馆和专题性自然博物馆。

综合性自然博物馆包括社会历史和自然科学两大类。它通过对一个地区的自然资源和环境状况进行调查研究，搜集、保存地区性的环境遗存和自然标本，组织若干生物标本和地质标本陈列，全面介绍反映该地区自然环境、自然资源、生态变迁及社会现状等内容的情况。目前，中国大陆有七座具有一定规模和实力的综合性自然博物馆，分别是北京、天津、上海、重庆、大连、浙江、吉林自然博物馆。

专题性自然博物馆是将某一专门类别作为展览主题的自然博物馆，主要展示和研究某一专项内容，如水族馆、天文馆等。还有一种特殊的类型称为园囿性自然博物馆。《说文》中记载："囿，苑有垣也……有垣曰苑，无垣曰囿。"由此可知，园囿性自然博物馆大多在室外，展品以生物实体为主，也可视作专题性自然博物馆的范畴，如动物园、植物园和自然保护区等。专题性自然博物馆涵盖的范围非常广泛，国内比较知名的有中国地质博物馆、自贡恐龙博物馆、青岛水族馆、香港海洋公园等。

法国国家自然历史博物馆内景

自然博物馆的起源与发展

世界自然博物馆的发展历程

  自然博物馆起源于古希腊，正式意义形成是在欧洲文艺复兴时期，最具代表性的自然博物馆之一为法国国家自然历史博物馆，它是一座以物种演化和地球历史变迁为主题的博物馆，功能由纯粹收藏扩大到收藏、研究和展示，在自然博物馆发展过程中具有变革性意义。

  法国国家自然历史博物馆成立于1937年，位于法国巴黎的市植物园内，前身为皇家花园。18世纪著名博物学家布丰（Georges Louis Leclere de Buffon）主事时设立了自然史馆和动物园。夏乐宫内的人类博物馆及文森动物园都是这所博物馆的附属机构。该馆设有比较解剖学与古生物学、化石与古植物、植物学、矿物学、地质学等几个较大的部门，还设有动物园、温室植物园、高山植物园、爬虫类饲养园等。

  法国国家自然历史博物馆目前也是具有世界一流水准的博物馆。它保存了世界上自然和人类科学方面最大的收藏，并在基础和应用研究方面涵盖了天文学、地质学、地理学、人类学及生物学的各个重要分支；它的研究生院提供了10个博士研究方向，还有来自全世界各个国家的研究人员在这里工作。博物馆的各个展览馆、温室、动物园、植物园和花圃等提供了丰富多彩的藏品和展品，使公众领略到自然科学的巨大魅力。如今，法国国家自然历史博物馆已成为普及科学文化知识，传播科学文化的重要载体，值得我们学习和借鉴。

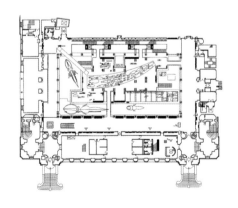

法国国家自然历史博物馆平面图

法国国家自然历史博物馆外景

19世纪中期是自然博物馆发展的黄金时期，欧洲各国的工业革命相继完成，经济和技术的大飞跃促使自然科学和社会科学大步发展，民众对科学知识的渴求度也大幅提高，期间西方各个城市纷纷开始建立规模宏大的自然历史博物馆，以此作为国家文化和实力的象征。自然博物馆三大功能中的"展示"功能也被赋予新的使命——扩展到"教育"功能，并受到社会的广泛关注和认可。

美国自然历史博物馆内景

这一时期建成的自然博物馆主要包括比利时皇家自然历史博物馆、法兰克福辛肯堡自然博物馆、维也纳自然史博物馆、巴赛尔自然史博物馆、瑞典国家自然历史博物馆、渥太华加拿大国立自然科学博物馆、美国自然历史博物馆和芝加哥菲尔德自然史博物馆等。

其中美国自然历史博物馆尤为具有代表意义，它是目前世界规模最大的自然历史博物馆之一。博物馆建于1869年，现有馆员超过1 200人，每年承办超过100场特别展览。该馆的特色是对各大洲哺乳动物的收集，以及人类学的馆藏。其人类起源馆是全美在该领域设置的唯一的专项展览馆，展示了人类进化过程中的各个阶段。

美国自然历史博物馆有42个展厅，超过3 600万件展品，囊括天文学、地球科学、人类学、古生物学、生物学等多个学科领域。

除了这些展品外，博物馆内还设有一个海登天文台、一座IMAX影院以及一个拥有48万本藏书和各种影像资料、手稿的自然科学图书馆。博物馆还出版了许多专业书刊和杂志。在教育方面，博物馆开展了各种培养中学生探索科学的兴趣活动，并为教师提供专业培训。

美国自然历史博物馆外景

自然博物馆与可持续发展

1992 年，在巴西里约热内卢召开的联合国环境与发展大会标志着可持续发展理念在全球范围内获得普遍认可。如今，可持续发展已成为全世界最受关注的议题之一。与此同时，可持续发展的理念也深入建筑设计领域，是当前建筑产业现代化发展的核心。

2014 年 11 月 21 日，ICOM 在其官网上公布了 2015 年"国际博物馆日"的主题——博物馆致力于社会的可持续发展。ICOM 主席汉斯·马丁·辛兹（Hans-Martin Hinz）教授对这一主题予以阐释："博物馆作为教育与文化机构，在定义可持续发展的内涵和推动可持续发展的实践方面发挥着越来越重要的作用。如今，生态系统所面临的与日俱增的威胁、动荡的政治局势，以及人与自然唇齿相依的联系，这些都可能使人类社会遭遇更加严峻的挑战。在这种情况下，博物馆必须坚守其保护文化遗产的职责，通过举办教育活动和展览，努力营造一个可持续发展的社会。自然博物馆扮演起文化传播者的角色，'教育'功能日渐强大，成为维护世界可持续发展的重要文化推动力。"

2008 年 9 月开幕的加利福尼亚科学院博物馆，由意大利著名的伦佐·皮亚诺（Renzo Piano）工作室和美国当地公司斯坦泰克（Stantec）事务所合作设计，是世界上唯一一个同时拥有水族馆、天文馆、自然历史科学馆和科学研究项目的机构。

设计师为博物馆创造了一个会呼吸的生态屋顶，种植了 170 万棵加州本地植物，覆盖了 2.5 英亩（10 117 平方米）的区域。这些植物包括海滩草莓、夏枯草、海石竹、加州罂粟，其中的罂粟可以吸引蜂鸟和蜜蜂。此外，还有一些濒危生物，如圣布鲁诺精灵蝴蝶。

美国加利福尼亚科学院博物馆

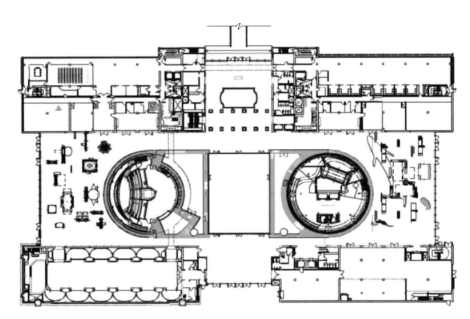

美国加利福尼亚科学院博物馆平面图

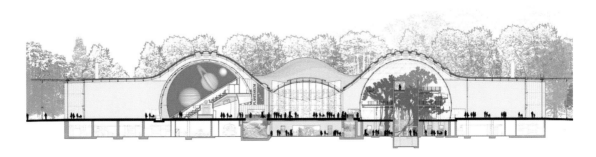

美国加利福尼亚科学院博物馆剖面图

正如设计师皮亚诺所说："屋顶就像把金门大桥的一小部分放上去，然后又把一座建筑放在屋顶下面。"值得一提的是，屋顶的植物不需要人工灌溉，反渗透加湿系统能够使馆内保持恒定的温度，能耗降低95%。屋顶凸起部分是天文馆和雨林展馆；屋顶中心部分凹陷，将光线和空气引入博物馆的核心区域。屋顶中心部分还装有玻璃，从而创造出一种"小气候"。博物馆将可持续设计理念融入施工计划，这不止体现在高能效的制热和制冷设施，还体现在绿色屋顶材料、低破坏、季节性灌溉及能源发电。可持续的设计理念在展览厅的建造上也有所体现，这给公众提供了一个机会，让他们更加了解真正利于环境的设计。

透过玻璃墙，可以看到馆内一些引人入胜的布置，最为明显的就是两个球形的建筑物——天文馆和人造雨林。步入馆内，科学馆敞亮通透：中央大厅可通过自动百叶窗来调节光线；落地玻璃幕墙使馆内90%的办公室沐浴在自然光下，并且兼顾室外景观，减少了电力照明的能源消耗。在一年中的大部分时间里，通过控制波浪状屋顶人造小丘，来自太平洋的海风进入科学馆，使得整座建筑的内部始终像室外一样"风和日丽"。对此，设计师皮亚诺认为："太平洋海风让你不会感觉像是误入一座乏味无趣的建筑。"

另一个著名案例为英国自然历史博物馆"达尔文中心"二期工程，它是由丹麦的莫勒（CF Moller）建筑设计事务所设计的一座用于科研和收藏的建筑。该建筑采用光滑威尼斯灰泥筑就，高28米，长56米，是一个隐藏在玻璃盒子中的"蚕茧"，是欧洲最大的混凝土曲线建筑之一。

新的达尔文中心建筑面积达到1.6万平方米，220名科学工作者在此工作。在"蚕茧"内部3 300千米的展示柜中，容纳了1 700万个昆虫标本和300万个植物标本。该建筑不仅是一个收藏设施，更是一个科研中心，其精巧的空间设计，让参观者有机会参与科学家的工作，与展品形成互动。在通往达尔文科技中心公共入口的通道上能俯视科学工作区和藏品区。在参观过程中，人们进入的是一个互动学习区，既能观察到科学研究活动，又不会打扰到科学家工作。通过自助式的体验，参观者可以在"蚕茧"中自由穿行，欣赏到所有藏品。

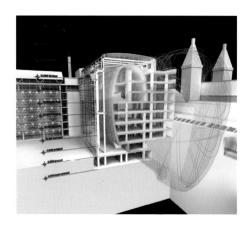

"达尔文中心"二期剖面图

为了使"蚕茧"内部的藏品区达到世界级的建成标准，同时充分有效地利用环境，实现生态友好的设计理念，设计师与博物馆方面进行了多次沟通，并最终采用超前的绿色生态结构。

在建筑师因德里奥（Anna Maria Indrio）看来，建筑的外壳要表现出宏大的体量，能容纳各种展品，而混凝土是实现这个效果的最佳材料。混凝土"蚕茧"不仅造就出壮观的建筑外观，茧状结构内部的粗糙质感也形成独特的氛围。在玻璃外壳上，一面南向的太阳能墙由104个似巨大金属蜘蛛的托架支撑，形成一张"智能皮肤"。太阳能墙能随着气候与日照的变化调节能源的储存，即利用很少的能源，使建筑冬暖夏凉。

为了更长久地保存展品，展厅具有自动调节温度和湿度的功能，并采用低能耗的照明系统，使空间温度始终控制在 17℃，湿度保持在45%，这正是存储标本最好的环境条件。另外，酒精具有易挥发的特性，酒精浸泡制作的标本会对研究人员和参观者造成潜在的威胁。因此，建筑在空气流通方面也做了审慎的设计。以透明聚乙烯材料制成可膨胀的屋顶，由于聚乙烯具有轻盈的特质，因此，只需要少量的室内支撑物，而可透光的屋顶保证了整个工作空间的采光与通风。

"达尔文中心"二期内景

"达尔文中心"二期外景

中国自然博物馆的发展历程

中国最早的自然博物馆，是法国天主教传教士于 1868 在上海徐家汇创办的自然历史博物馆（原称"徐家汇博物院"），收藏以动物标本为主。1905 年，上海自强学会会员张謇在江苏南通创办的"南通博物苑"（自然之部）是中国人自建的第一个自然博物馆。抗日战争以前，中国共有 200 多个各类博物馆，属于自然博物馆范畴的约有 30 个。中华人民共和国成立后，博物馆事业迅速发展，到 1986 年，全国博物馆的总数已近 900 个，其中属于自然博物馆范畴的有 400 多个。北京、上海、天津等许多大城市都有了规模较大的自然博物馆或在博物馆内成立的"自然之部"。此外，还新建一批专业性的自然科学博物馆，如四川自贡的恐龙博物馆及各省的地质、矿物博物馆等。

目前，北京、上海、天津、大连、重庆、浙江已先后建立了专业性的自然博物馆。黑龙江、内蒙古、山东、甘肃、贵州等 11 个省、市、自治区建立了综合性地志博物馆的自然部，部分还建立了地区性的诸如山东青岛海产博物馆、四川自贡恐龙博物馆、北京天文馆等专题性的自然博物馆，它们构成中国目前自然博物馆的体系。

随着经济的发展和生活水平的提高，公众对文化的兴趣日趋增长。同时，办馆主体逐步呈现多元化趋势，除文化部门以外，集体开办的各种专题类自然博物馆也日益增多。自然博物馆的建设在地域分布上也更加普遍，改变了过去博物馆过多集中于东部和中部大中城市的不平衡局面。各地通过自然博物馆的建设增强地区文化特色，带动区域旅游业经济发展。一批现代化新馆相继投入建设，体现出中国自然博物馆发展的新水平。

在这样的时代背景下，自然博物馆的建设也由过去的文化、文物部门主导，转为通过多种途径开展建设的模式；由展示内容相对单一、展示手段落后的传统博物馆类型，转变为展示内容精心策划、展示手段更多元的新型博物馆。通过加大经济和技术的投入，国内建设了众多有特色的专题性博物馆，如常州中华恐龙园、上海水族馆等。这些博物馆往往具有很高的公众参与度和休闲旅游价值。与此同时，过去那些大型的综合性自然博物馆也投入大量资金开始新馆的建设。2006 年的上海自然博物馆新馆建筑方案国际招标和 2007 年的重庆自然博物馆新馆建筑方案国际招标，拉开了大型综合性自然博物馆新时期发展的序幕。

据不完全统计，2008年底，中国自然博物馆共有190个，分为五大类：地学类博物馆58个、自然科学专题博物馆（包括中药、生态、人类、生物类等）115个、综合性自然史博物馆8个、天文馆1个，以及省博物馆自然部8个。

北京自然博物馆是目前国内比较先进的自然类博物馆，主要从事古生物、动物、植物和人类学等领域的标本收藏、科学研究和科学普及工作，馆区占地面积12 000平方米，建筑面积24 000平方米，展厅面积8 000平方米。其中标本楼"田家炳楼"，总面积达3 600平方米，是国内同类馆中规模最大、设备最好、功能最全的标本馆之一。

北京自然博物馆的馆藏标本20余万件，其中有相当数量为国家一、二类保护动植物的标本，还拥有一定数量的模式标本及具有特殊意义的珍贵标本，许多标本在国内外都实属罕见。北京自然博物馆现有四个大型基本陈列区：古生物陈列（古爬行动物厅、古哺乳动物厅、生物起源和早期演化厅、无脊椎动物的繁荣厅）、植物陈列（绿色家园厅）、动物陈列（动物——人类的朋友厅，动物的奥秘厅）、人类陈列（人之由来厅）。这四个陈列区构筑起一个地球生命发生、发展的全景图，并以生物进化为主线，以生物多样性为主要展示内容，向参观者普及生命科学知识。馆内还设有几个专题展馆，如"人体真奇妙""水生生物馆""恐龙世界"等，以及根据青少年心理特点新开辟的互动式探索自然奥秘的科普教育活动场所——探索角。

北京自然博物馆内景

北京自然博物馆外景

上海科技馆坐落在上海浦东新区行政文化中心，占地面积 68 000 平方米，建筑面积 98 000 平方米，是上海市最主要的科普教育基地和精神文明建设基地，2015 年由上海市政府投资 17.55 亿元建设，旨在提高市民的科学文化素养，促进公众理解和参与科学。

上海科技馆的常设展览综合了自然博物馆、天文馆和科技馆的基本内容，以"自然·人·科技"为主题，通过寓教于乐、生动活泼的展示方法和教育活动，激发公众对自然、人类和科技的好奇心和学习兴趣。目前，场馆内共有 11 个常设展区和 2 个特别展览。在一层，有表现生物多样性的"生物万象"展区，有表现五大洲野生动物原生态的"动物世界特展"，有体验各种地质变化的"地壳探秘"展区，有表现多学科基本原理和典型现象的"智慧之光"展区，有儿童体验科学乐趣的"彩虹儿童乐园"展区，以及强调"好主意"是创意之源的"设计师摇篮"展区；在二层，有展示蜘蛛奇特生活方式的"蜘蛛特展"，有倡导人与自然和谐统一、同生共荣的"地球家园"展区，有表现信息技术引领社会巨大变革的"信息时代"展区和体验人工智能应用技术飞速发展的"机器人世界"展区；在三层，有揭示人类破解物质和生命之谜的"探索之光"展区，有探索人体奥秘、传播健康理念的"人与健康"展区和展现人类实现飞天梦想足迹的"宇航天地"展区。在公共空间还设有中国古代科技和探索者两个浮雕长廊，以及院士风采长廊。此外，IMAX 立体巨幕、球幕、四维和太空数字四大高科技特种影院组成了国内建成最早、功能最全的上海科技馆科学影城。

上海科技馆内景

上海科技馆外景

自然博物馆的发展趋势

功能复合化和大众化

随着当代生活水平的提高和思想观念的进步，单一的建筑功能已经无法满足人们对于博物馆的需求。在效率至上的今天，人们越来越追求集成化的一站式体验建筑。许多博物馆为了维持自身的可持续经营，争取资源和参观者，开始尝试升级和优化，提供各种便利服务。比如，完善人性化附属设施，设置现场工作室、剧院、图书馆、餐厅、沙龙等，功能综合程度越来越高，产生了由纯粹博物馆向综合性博物馆转变的趋势。

复合化的自然博物馆为公众日常休闲提供便利，能够吸引更多的来访人流；博物馆逐步融入公众生活，不再是严肃庄重的场所。当代公众多样化的文化需求和当代社会频繁的文化交流，要求博物馆的展厅空间具有灵活性，适应不同主题的展陈内容，开阔公众的视野，促进文化交流。这种集教育、娱乐、展览、餐饮、交流和研究于一体的综合性自然博物馆，不仅提供了外向的、舒适的、轻松自由的环境，而且提高了参观者的选择性和便利性，由此激发人们参观的兴趣。

媒体信息技术的介入

多媒体技术和信息革命带来了全新的生活方式。利用这些新兴技术，博物馆馆藏得以数字化，并通过互联网技术进行展示和传播，这不仅更加有效地保存了藏品，而且把传统博物馆中的实体服务迁移到虚拟服务，实现了文化的共知和共享。

多媒体技术利用互动多媒体展示、交互体验装置、语音解说等，在声、光等方面为参观者带来综合的艺术感受。例如在上海自然博物馆中，游客可以通过电脑终端显示提取藏品的基本信息；通过语音解说器，游客可以听到关于展厅的主题内容和历史背景等；通过电子媒体的3D展示，可以比较真实地体验展品仿真的原始状态。

在互联网环境下，博物馆的社会功能突破了它的物理范围，把信息带到全世界各个角落，人们可以随时随地获取博物馆信息，不受传统博物馆的时空限制，这使得博物馆的设计本身也发生了变化。有趣、浅显、能参与、可操作的展陈方式，满足大多数普通参观者的需求；

参观者在操作展品、制作模型、进行表演的过程中，产生协作或竞争的关系，实现了人与人之间的交流。

媒体信息技术的介入为博物馆的展陈带来新的方式和体验，增强了公众的参与度，为其发展和复兴带来新生力量。

实体互动式体验

约瑟夫·派恩（B. Joseph Pine）认为，体验经济是继农业经济、工业经济和服务经济之后人类经济形态的第四个台阶。如今，实体互动式体验已经成为当代博物馆传统复兴的重要方式之一。

实体互动式体验是一种特殊的感官体验过程，设计师在深入了解自然博物馆内容和性质之后，运用合宜的技术手段，如空间层次设计、平面布展设计、光线设计及色彩搭配等，提供一个富有感染力和艺术力的场所，公众作为主体参与其中，获得不同于传统博物馆的强烈感官体验，这种体验是多媒体和互联网技术所无法模拟的。比如，互动体验多媒体利用背景抠图、姿态影视合成、传感、虚拟现实图像处理和仿真等技术来实现。通过实时数据采集，参与者自身的动作触发图像开关，多媒体随动作变化生成一系列 AV 演示，从而使参与者真正获得身临其境的感受。互动体验多媒体展示适用的范围包括：具有娱乐性互动参与节目、竞技比赛类互动参与游戏、可反复尝试的试验性节目等多媒体类演示项目。参与者通过该技术的体验，可以获得高度的参与感，形成竞技意识，培养想象力，满足个性化需求，展示个人魅力。

实体互动式体验与传统方式相比具有更多的娱乐化倾向，自由度大大提高。人们完全可以按照自己的兴趣来选择要参与的活动，避开不感兴趣的内容；互动展示可以促进人与人之间的交流，营造一种积极向上的氛围。如今，博物馆的信息传导已经开始由传统的单一传达转变为全信息的多重感官体验。

城市文化

20 世纪 90 年代以来，城市复兴的理论思潮和实践开始盛行，各个城市越来越注重文化基础设施建设，而自然博物馆在传承城市文化上扮演了越来越重要的角色，为城市的发展增添新的活力。

著名建筑师杜兰德（Jean-Nicolas-Louis Durand）曾说过："真正的大都市都拥有几座博物馆，其中一些拥有自然界中的奇珍异宝，其他的一些拥有杰出的艺术作品。"近年来，各国都热衷于通过地标性建筑来增强城市活力，提升城市的经济和文化形象。比如，西班牙毕尔巴鄂古根海姆博物馆建成之后，建筑作为城市的标志，一时间，游客如织。博物馆的参观人数在一年多的时间里就达到 400 万人次，直接门票收入占全市收入的 4%，带动的相关收入占到 20% 以上。而上海自然博物馆独特的"绿螺"造型和丰富的馆藏，使其一跃成为城市文化生活的新热点。

与此同时，自然博物馆的展示形式也走向多元化，展示内容扩展至城市中更广阔的领域，容纳城市中各种各样的人物和事件，以满足广泛的公众需求。

每座城市都有自己的历史，其独特的文化演进过程，构成了城市的文化生命特征。城市文化是生活在城市区域内的人们在改造自然、社会和自我的对象化的活动中，所共同创造的行为方式、组织结构和道德规范，以及这种活动所形成的具有地域性的观念形态、知识体系、风俗习惯、心理状态和技术、艺术成果。上海自然博物馆的落成，顺应了上海城市发展的需求，其保存、展示、教育等功能，使其自然而然担负起城市文化记忆体的重任。上海这座城市又有了一处全新的历史、文化地标，为城市文化软实力的提升，提供了动力十足的引擎。

绿色低碳理念

随着中国经济社会的高速发展，高能耗、低产出的矛盾成为制约经济发展的瓶颈。从哥本哈根吹起的"低碳风潮"，不仅进入人们的日常生活，也渗透到博物馆的建设中。特别是随着 2010 年上海世博会的成功举办，"城市，让生活更美好"的主题深入人心。博物馆作为城市生活的重要组成部分，每天吸引大量的参观者到访，其社会职能决定新形势下博物馆应勇于承担社会责任，倡导低碳理念，推行低碳实践。

低碳经济的实质在于提升能效技术、节能技术、可再生能源技术和温室气体减排技术，促进产品的低碳开发和维持全球的生态平衡。博物馆的建设运营、陈列布置、参观到访、展览活动等，都会造成大量的碳排放。因此，博物馆首先需要在规划设计上，倡导低碳建设，将博物馆建设与减少环境污染、加强环境保护结合起来，既要彰显低碳概念，又要提高能源的利用。其次，在自动化控制系统方面要优先考虑照明系统、通风系统、空调系统的低碳设计，要在确保展陈的小环境的基础上考虑参观者的舒适度。再者，在材料和设备设施的使用方面，优先使用绿色、环保、节能技术的材料。

绿色低碳博物馆体现了"科学发展观""以人为本""和谐社会"等多重理念，顺应社会发展要求。近几十年来在亚洲地区涌现出一大批优秀的自然博物馆，其中包括日本茨城县自然博物馆、日本国立科学博物馆及在中国台湾台中市建立的自然科学博物馆等，它们都已步入世界先进自然博物馆的行列。

上海自然博物馆新馆在这种大的发展趋势下，从场地、设计、节能、节水、运营、材料、室内等方面采用一系列新型技术，全方位、全周期减少能源的消耗，提高能效，减少 CO_2 的排放量，并搭建后期节能监控平台，力求在建筑节能生态领域达到国际先进水平。

上海自然博物馆的历史

　　中国近代的博物馆是随着 1840 年鸦片战争的炮火传入中国的，绝大多数由在华传教士创立，主要分布在中国沿海的通商城市，基本属于自然历史博物馆。

　　上海自然博物馆的前身，最早可追溯到 19 世纪 60 年代，英国皇家亚洲文会在上海创建的上海博物院，以及法国天主教传教士在上海徐家汇创建的徐家汇博物院。这两座博物馆也是近代中国最早建立的自然博物馆，主要收藏中国的动植物标本。

亚洲文会上海博物院

　　1857 年，以裨治文（Elijah Coleman Bridgman）为首的 18 名外侨创立了"上海文理学会"。1859 年，上海文理学会加入大不列颠及爱尔兰皇家亚细亚学会，更名为"皇家亚洲文会北中国支会"，简称"亚洲文会"。

　　亚洲文会成立初期无固定办公地点。1874 年，在租界政府的支持下，亚洲文会募集社会资金，在圆明园路（今虎丘路）20 号建成永久性会址，并按照西方自然科学学科构架，设立了包括植物学、地质学、贝壳学、爬虫学和动物学、考古学和货币学、鱼类学、事业与生产七大部门，由专业人员管理，对中国乃至东南亚地区展开了自然地理和人文历史的考察、采集与研究。其中，博物院也称为"上海博物院"，是中国最早成立的博物馆之一，也曾经是远东地区中国标本和文物收藏最丰富、影响最大、功能最全的社会教育和文化交流机构之一。

　　1931 年，亚洲文会筹集到 16 万两白银，原址拆屋重建，由英商公和洋行设计。1932 年建成的五层新大楼，属于欧洲装饰主义风格，立面竖向构图明显。顶部、阳台和铁门采用中国传统图案进行装饰，最特别的是设计了八卦窗。1933 年 11 月 15 日，陈列布置完毕正式开放。其中，底层为伍连德讲堂（演讲厅）；二楼、三楼开设图书馆；四楼、五楼为博物院陈列室，四楼陈列自然标本，五楼陈列中国历史文物。开馆之初，博物院首任院长特地从徐家汇博物院请来师从传教士谭微道的标本剥制专家王树衡，博物院最早制作、分类、整理的标本都是

亚洲文会大楼

由他完成的。1907 年，唐春营受邀来到上海博物院，负责标本采集、制作、整理和养护等工作。上海博物院经过多年积累，收藏了数万件动植物标本及文物艺术品，成为近代远东地区生物标本和文物收藏最丰富的博物馆之一。

亚洲文会上海博物院是国内最早向社会开放的、体现社会公益性质的博物馆之一。除展示陈列外，博物院还定期举办一系列面向社会各界人士的活动，发挥了应有的社会教育功能，为近代中国博物馆提供了可借鉴的模式和经验，其标本收藏更奠定了上海博物院收藏和研究的基础。

在之后的半个多世纪里，亚洲文会上海博物院在促进学术研究、推动文化交流、普及科学知识及丰富市民生活方面贡献卓著，成为当时中国最大的东方学和汉学研究中心之一，也是上海重要的公共文化教育机构。博物院还与国际知名博物馆建立了藏品交流和业务合作关系。

震旦博物院

1868 年，法国天主教耶稣会神父韩伯禄（Pierre Heude）在上海徐家汇创建徐家汇自然博物院（Zikawei Museum of Natural History，又称徐家汇博物院）。1883 年，徐家汇总院南面的建筑院舍主要收藏动植物标本，但当时的博物院基本不对外开放，收藏的动植物标本主

震旦博物院外景

要供研究之用。

首任院长韩伯禄神父在主持博物院工作的三十多年中，收集了大量动植物标本。随着馆藏的日益丰富，位于徐家汇的旧舍逐渐不能满足大量标本的收藏需求。1930年，徐家汇博物院在震旦大学北侧另建新院舍（今重庆南路223号），并由学院管理。博物院更名为"震旦博物院"（Musee Heude），以纪念韩伯禄神父。

震旦博物院新馆于1933年冬正式开幕。新院舍共三层，每层的总长度约为80米，内分陈列室三间，以及研究室、试验室、图书室、摄影室等。院舍之南，另辟植物园一所，培植花卉树木，以供研究。第一陈列室在地面层，陈列从土山湾育婴堂搬迁来的文物；第二陈列室在二楼，陈列动物标本；第三陈列室在三楼，陈列植物标本，均由徐家汇博物院移来。

博物院收藏有中国及东南亚地区动植物标本六万余件，金属器件、玉器、陶器、瓦器、古尸等文物6 000余件。除供学术研究的植物及昆虫标本外，其余藏品均对社会开放。

博物院成立之初，宗旨即为科学研究，研究人员主要从事标本分类、考订、研究、著述等工作。博物院专供研究用的标本，均标号藏于木箱中，共1000余箱。震旦博物院出版的学术刊物也很丰富，以中国各地动植物的研究居多，如韩伯禄与柏永年编著的《中华自然历史志》，开创了以科学方法研究中国，尤其是长江流域物产的先河。

震旦博物院内景

上海自然博物馆老馆

上海自然博物馆的建设经历了漫长的筹备阶段。中华人民共和国成立之初，百业待兴。1952 年 11 月 10 日，中央人民政府文化部同意上海市文化局社会文化事业管理处将亚洲文会上海博物院和震旦博物院合并，建立一个囊括动物、植物、矿物标本的综合性自然博物馆。

1956 年 11 月 1 日，上海市人民委员会批准由金仲华等 12 人组成上海自然博物馆筹备委员会。同年 12 月 27 日，筹委会第一次会议召开，确定了上海自然博物馆性质为"自然历史"，暂定名为"上海自然历史博物院"，任务是筹建古生物、动物、植物、人类、天文、地质六个专业馆。

上海自然博物馆筹备委员会先后在南昌路铭德里 2 号、虎丘路 20 号及重庆南路中国科学院上海昆虫研究所设立办公室。1958 年 8 月迁入延安东路 260 号（原华商纱布交易所，上海第一座钢筋混凝土建筑），该建筑坐北朝南，是一座六层英国古典风格建筑，占地面积约 2 600 平方米，建筑面积约 1.2 万平方米。1959 年 12 月 18 日，中共上海市委宣传部同意将"上海自然历史博物馆"改名为"上海自然博物馆"，由时任中国科学院院长郭沫若题字，一直沿用至今。

1966 年 3 月 29 日，动物学分馆"动物进化厅"（即古生物馆）正式对外开放；1972 年 5 月 23 日，"从猿到人"基本陈列（即古人类厅）正式对外开放；1983 年 4 月，"古尸室"建成对外开放；1984 年，植物学分馆在龙吴路 1102 号建成（上海植物园对面）；1986 年，天文学分馆列入上海市"七五"计划项目，并开始前期准备工作。至此，上海自然博物馆基本陈列展览基本就绪。

位于延安东路 260 号的老馆本部总陈列面积约 4 100 平方米，内容包括古动物、古人类、中国历代古尸、无脊椎动物、鱼类、两栖动物、爬行动物、鸟类、哺乳动物九个展厅，陈列形式主要按照生物学分类原则，从低等到高等生物进化的秩序布展。

在古动物史陈列厅展出的 180 件展品中，最引人注目的是大厅中央的合川马门溪龙和黄河古象：前者身长 22 米，肩高 3.5 米，体重几十吨，发掘于重庆合川区太和镇，为世界上最大的恐龙之一；后者体长 8 米，身高 4 米，一对门牙就有 3 米长，发掘于甘肃东部黄土高原，也是古兽中的"庞然大物"。此外，还有许氏禄丰龙、多棘沱江龙、魏氏准噶尔翼龙、恐龙蛋、恐龙脚印、玄武蛙、鱼龙、雷兽、巨犀等古动物化石。

在中国历代古尸陈列厅里，展出有新疆出土的距今 3 000 多年的哈密古尸，以及唐、宋、明三朝古尸。随着改革开放的不断深入，上海自然博物馆对外科技合作交流日益扩大，展品也日益丰富，而展厅面积小、基础设施简陋老化等问题日益突出。2007 年，上海市政府批复同意迁建上海自然博物馆。

上海自然博物馆建筑设计方案在八家国内外知名设计单位中征集，经过公开招标，美国帕金斯维尔建筑设计事务所和同济大学建筑设计研究院（集团）有限公司组成的联合体中标。2009 年 6 月，上海自然博物馆开工仪式在静安雕塑公园举行。2015 年 4 月，上海自然博物馆正式运营。上海自然博物馆以"自然•人•和谐"为主题，通过"演化的乐章""生命的画卷""文明的史诗"三条主线呈现大自然的演化历程和多样性，设有十大常设展区，以及探索中心、四维影院等教育功能区，包含展品 4 400 余件，综合运用标本模型陈列、媒体、景箱、场景、剧场、装置等多元化展示手段，体现了经典与前沿并重、科学与艺术融合、国际与本土兼顾的特点。

上海自然博物馆老馆

自然博物馆主入口夜景

第二章

城市、场地与博物馆
City, Site and Museum

城市文脉
Urban Context

城市交通
Urban Transportation

场地重塑
Site Reforming

环境融合
Integration to the Environment

1858 年 8 月，在荷兰召开的第一次城市更新研讨会上，对城市更新作出最早的定义：生活在城市中的人，对于自己所居住的建筑物、周围的环境或出行、购物、娱乐及其他生活活动有各种不同的期望和不满；对于自己所居住的房屋的修缮改造，对于街道、公园、绿地和不良住宅区等环境的改善有要求及早施行，以形成舒适的生活环境和美丽的市容。包括所有这些内容的城市建设活动都是城市更新。

从静安雕塑公园看主入口

静安雕塑公园与上海自然博物馆鸟瞰

　　自然博物馆作为集研究、保存和展示为一体的综合性载体，在自然历史探索发展过程中扮演着重要的角色。当今世界，大多数知名城市都拥有自己的自然历史博物馆，其馆藏规模、展览质量、研究能力也反映了其所在城市的相关竞争力，体现了一个城市和地区对自然历史的研究水平和人文底蕴。

　　上海自然博物馆的历史最早可追溯至徐家汇博物院和亚洲文会上海博物院，近百年来几度辗转、合并、重建、更新，馆名不断更迭，至中华人民共和国成立后整合成上海自然博物馆，是中国最大、最有影响力的自然博物馆之一。1958 年，上海自然博物馆迁入原华商纱布交易所大楼。2006 年，由于建筑老旧、馆藏拥挤、展陈方式落后等问题，自然博物馆新馆开始选址重建，并由美国帕金斯维尔设计事务所与同济大学建筑设计研究院(集团)有限公司联合设计。工程于2014年建成。

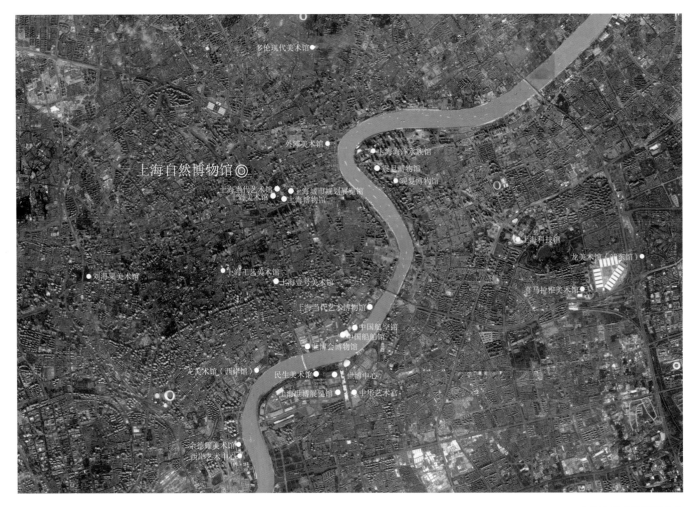

上海自然博物馆◎

多伦现代美术馆

外滩美术馆
上海海洋水族馆
震旦博物馆
观复博物馆

上海当代艺术馆
上海城市规划展览馆
上海美术馆
上海博物馆

上海科技馆
龙美术馆（浦东馆）

刘海粟美术馆

上海工艺美术馆
上海壹号美术馆

喜马拉雅美术馆

上海当代艺术博物馆

中国航空馆
中国船舶馆
世博会博物馆

龙美术馆（西岸馆）
民生美术馆
世博中心
上海世博展览馆
中华艺术宫

余德耀美术馆
西岸艺术中心

上海主要文化设施分布

上海自然博物馆

人民广场

外滩

陆家嘴

上海自然博物馆与人民公园、外滩、陆家嘴形成文化空间轴

城市文脉

　　文化是一个城市的灵魂。建筑是体现城市文化最重要的载体之一，在历史长河中历经沧桑，记录城市变迁，表征城市文化的多元价值，如美学、历史和人文价值等。随着时间的流逝，这些价值日益凸显。在历史文化街区与建筑复兴的过程中，尊重和保护城市文化价值，是延续城市历史文脉的必经之路。

　　2000 年以来，上海各类博物馆及美术馆等文化设施建设迅猛，这同上海经济文化地位的提升是相辅相成的。2000 年之前，上海的文化设施主要集中于市中心区，以人民广场为代表，新千年之后，伴随着城市建设范围向周边扩大，文化设施也逐步分散，并呈现出沿黄浦江两岸延伸的态势。在城市地价不断上涨，开发空间越来越有限的情况下，像上海自然博物馆这样在城市核心区建设大型新馆的情况，以后只会越来越少。上海自然博物馆的建设同静安雕塑公园的建设是密不可分的。

　　上海自然博物馆所在的静安雕塑公园，是静安区东部重要的公共文化空间。在静安雕塑公园的东面不远处，依次坐落着人民公园、外滩和陆家嘴，隐约连成一条文化空间轴，大量文化设施和城市公共空间环境被串联成一条无形的脉络，为城市文化生活营造了良好的基础。在政府和规划部门的推动下，静安雕塑公园于 2007 年和 2010 年分阶段建成并向公众开放，公园内保留了历史保护建筑，并以雕塑为主题，以绿色为中心，向周边市民和游客提供游憩、休闲且具有艺术氛围的城市空间。人民广场位于博物馆东南方向 1 千米以内，上海博物馆、上海城市规划展览馆、上海大剧院、上海当代艺术馆坐落其中，与上海自然博物馆遥相呼应，营造了区域内的文化氛围。

基地周边路网与城市肌理

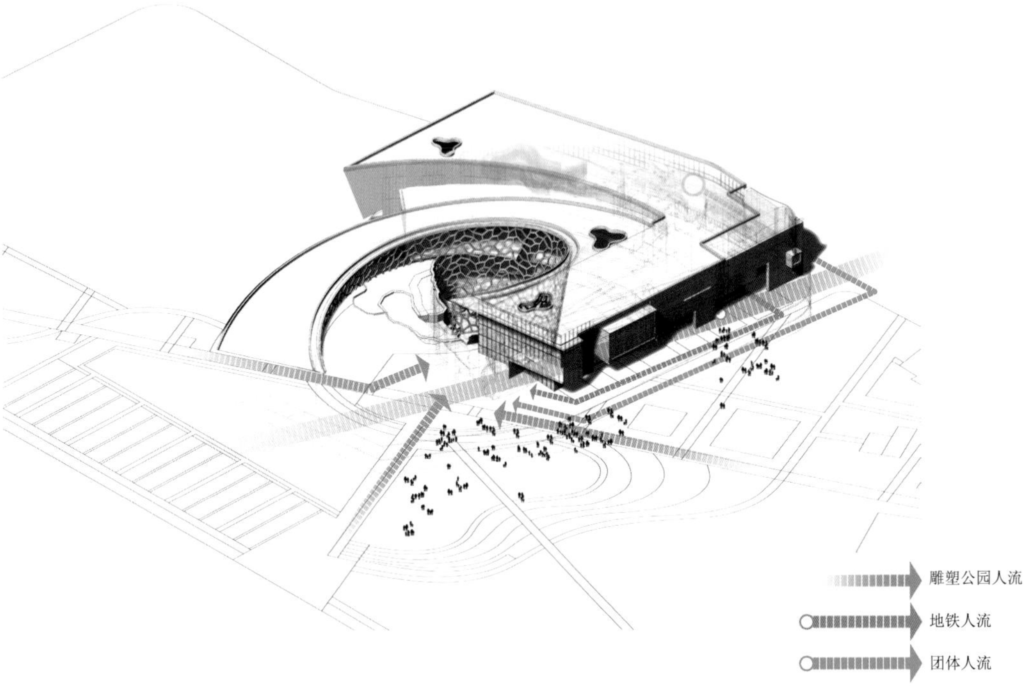
雕塑公园人流
地铁人流
团体人流

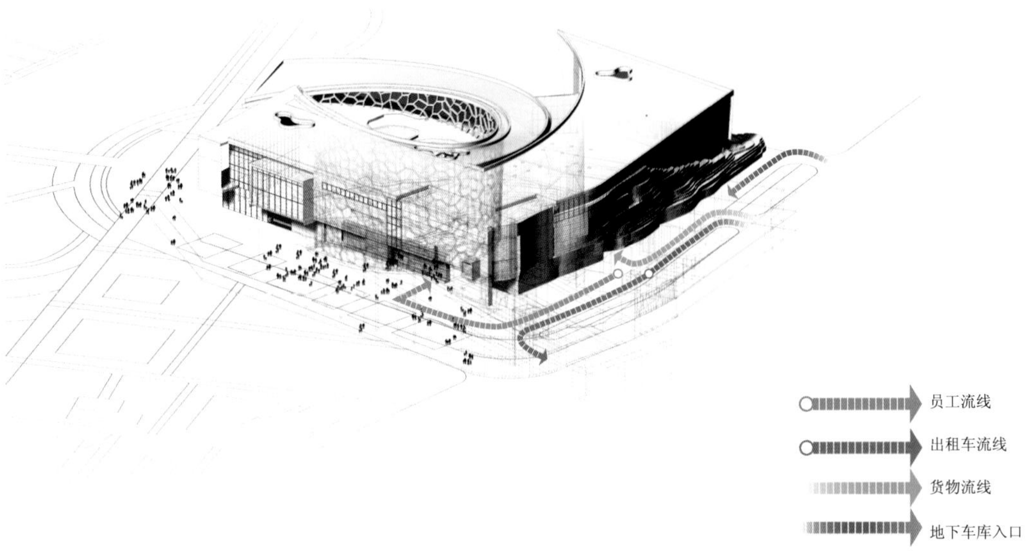
员工流线
出租车流线
货物流线
地下车库入口

室外流线分析

城市交通

　　上海自然博物馆基地位于静安雕塑公园的西北角，周边的交通十分便利。建筑主体与新建成的轨道交通13号线地铁站融为一体，周边还有2号线、12号线、1号线、8号线等地铁线路；基地四周城市道路环绕，东临南北高架，有较高的机动车可达性。

　　基地北临山海关路，设计在该路段安排车行主入口，并与地下车库出入口便捷联系。地下一层夹层和地下一层设置停车库，共78个车位，设一个双向双车道出入口。地面设置2个残疾人停车位，分别由山海关路东端和中部出入口进出。山海关路是与基地唯一相邻的城市道路，因此，设计在该路段另安排一出一进两个单向出入口，并设内部道路连通，以组织大巴流线和货运流线。人行主入口结合雕塑公园设置于建筑东南角；员工次入口设于东北角。建筑结合轨道交通13号线地铁出入口，地铁游客和团体游客都将由悬挑绿化外墙之下的通道引至南部主入口。

　　由于建筑位于公园的西北角，大量人流主要集中在轨道交通的13号线出入口及建筑沿街面，特意穿过公园前来参观的游客并不多，因此参观人流不会给整个公园带来影响。

上海自然博物馆周边轨道交通分布情况

公园雕塑与博物馆

场地重塑

斯蒂文·霍尔（Steven Holl）认为，建筑与场地应该有一种经验的联系，一种形而上的联系，一种诗意的联系，当一件建筑作品成功将建筑与场地融合在一起时，第三种存在就出现了。

静安雕塑公园区域过去是大片里弄住宅，建筑排列有序，街巷交错，疏密有致，承载着一代老上海人的记忆。中共淞浦特委办公旧址也伫立在这片区域中，其间发生的革命故事也是这片区域宝贵的历史财富。

这片里弄原本是作为新建住宅用地进行出售的，但在上海市中心区绿地相当匮乏，尤其是老静安区绿地公园稀缺的情况下，政府部门做了具有前瞻性的决定，将此片区域规划为市中心的公园，这才有了今天为人所熟知的上海静安雕塑公园。当雕塑公园规划设计完成之后，这其中一隅被相中作为上海自然博物馆的"落脚之处"。在公园的方案已经落地的情况下，新的博物馆如何在维持特色的前提下保持公园的完整性，如何平衡与周边环境的关系，以及如何提升地块活力，将成为新的挑战。

整个项目从开始到完成历时八年，2014年上海自然博物馆落成，成为整个区域的亮点。建筑体量从地面盘旋而上，高出周边的里弄住宅，温和而醒目，重塑了整个场地。这种全新的规则和原先的建筑秩序是不一样的，一个单一的大体量替代了里弄的纵横交错，但建筑边界与场地边界之间是融合的关系，通过消除建筑与场地界线的处理，让它们融为一体。但与此同时，建筑与场地也形成一种谨慎对比，彼此之间仍保持某种连续性，这种关系能清楚地察觉到。

人们在这片新的场地中，享受当代雕塑作品，在草坡上尽情奔跑，在博物馆浩瀚的知识海洋中徜徉。场地形态的改变重塑了周边市民和游客的生活，改变了场地的物质状态，提供了更多生活的可能性。

1979 年卫星图

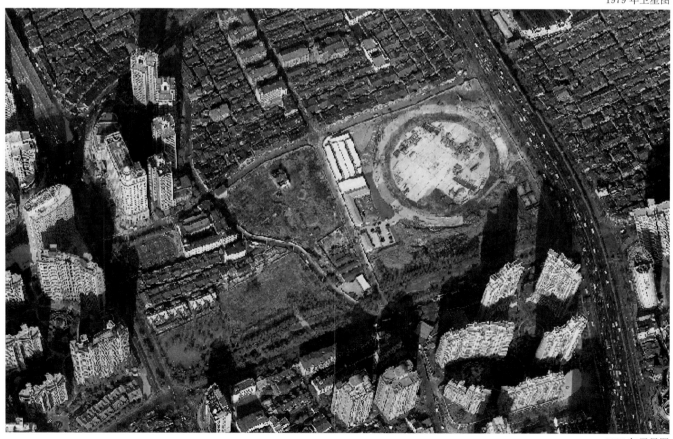

2006 年卫星图

2013 年卫星图

2015 年卫星图

原始基地鸟瞰

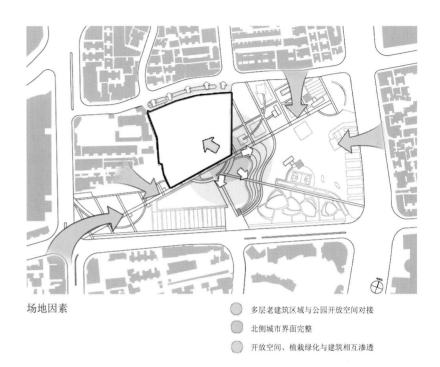

场地因素

- 多层老建筑区域与公园开放空间对接
- 北侧城市界面完整
- 开放空间、植栽绿化与建筑相互渗透

上海自然博物馆经济技术指标

总建筑面积	45 086 ㎡
地上	12 128 ㎡
地下	32 958 ㎡
地上用地面积	12 029 ㎡
地下用地面积	16 294 ㎡
建筑基底面积	6 411 ㎡
容积率	1.0
绿地面积	1 790 ㎡
绿化率	15%
建筑高度	18 m
层数　地上	3 层
地下	2 层
机动车车位	78 辆
自行车车位	30 辆

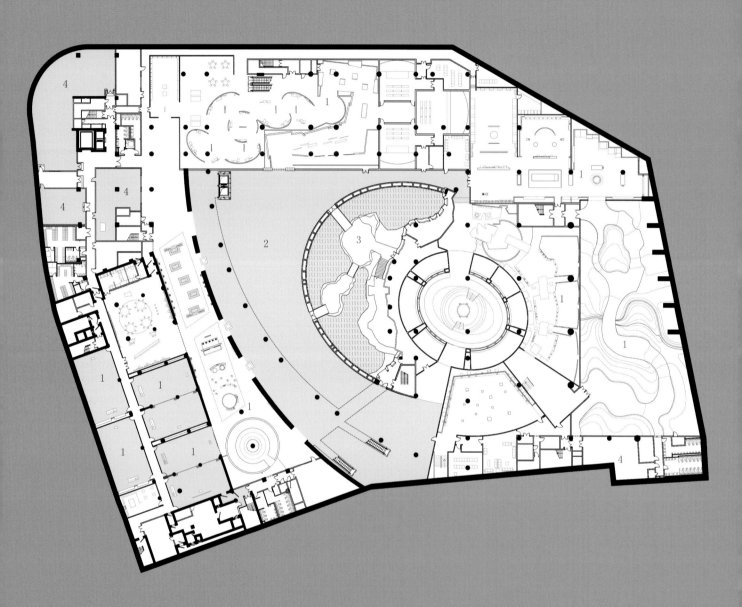

1 展厅
2 中庭
3 下沉中心庭院
4 设备机房

0 2   10   20 M

地下二层平面

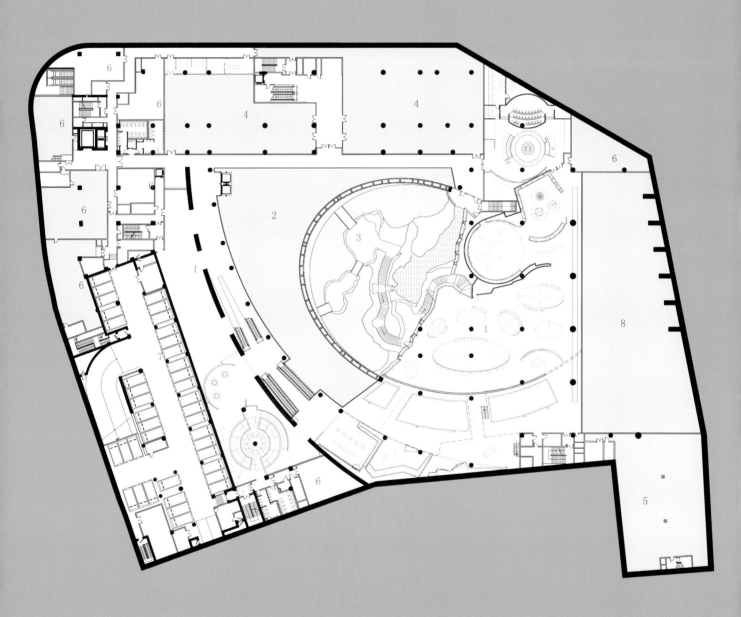

1 展厅
2 中庭上空
3 下沉中心庭院
4 临时展厅
5 公园管理用房
6 设备机房
7 地下车库
8 展厅上空

0 2　10　　20 M

地下一层平面

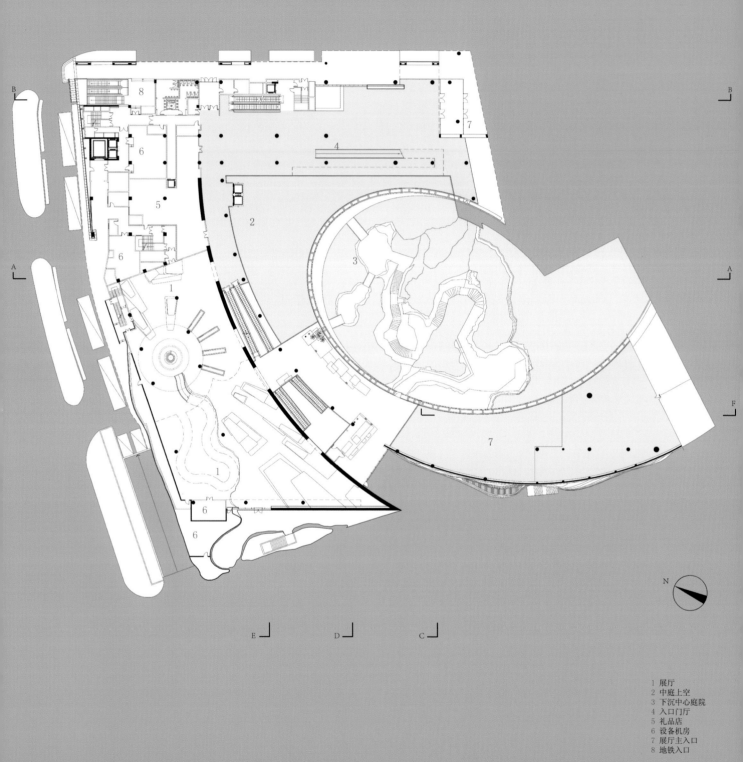

1 展厅
2 中庭上空
3 下沉中心庭院
4 入口门厅
5 礼品店
6 设备机房
7 展厅主入口
8 地铁入口

0 2   10   20 M

地上一层平面

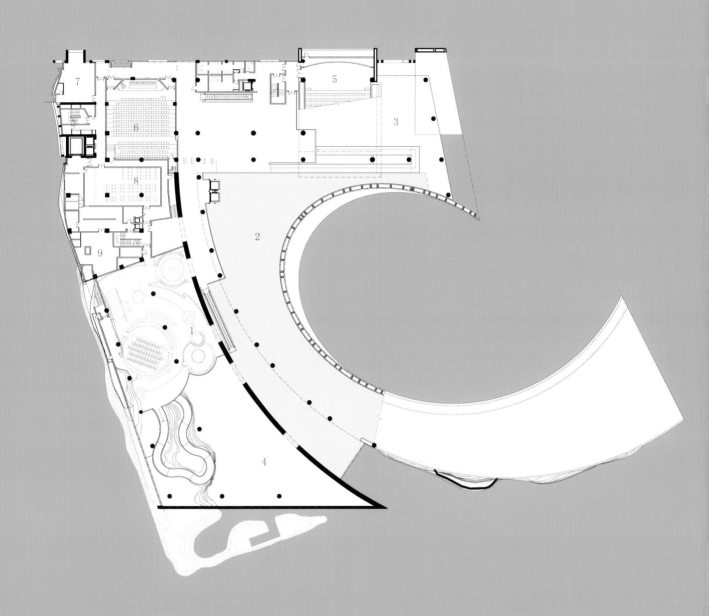

1 展厅
2 中庭上空
3 门厅上空
4 展厅上空
5 数字化影院
6 报告厅
7 贵宾休息室
8 员工餐厅
9 设备机房

0 2   10   20 M

地上二层平面

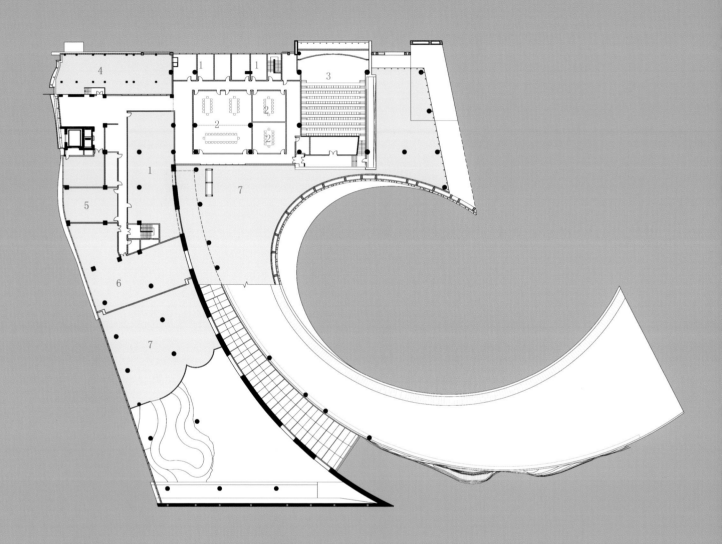

1 办公室
2 会议室
3 数字化影院
4 室外设备平台
5 馆史档案
6 资料室
7 展厅上空

0 2   10   20 M

地上三层平面图

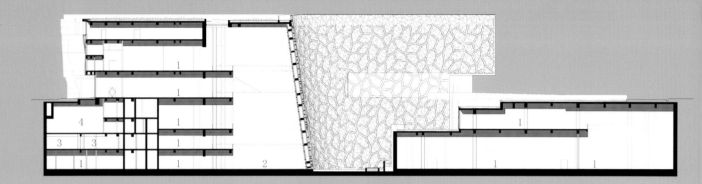

1　展厅
2　中庭
3　库房
4　地下车库

A–A 剖面

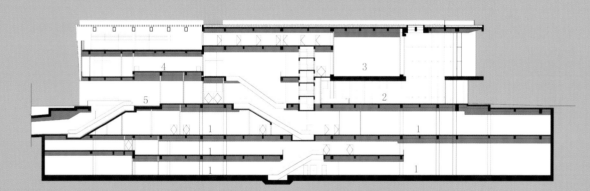

1　展厅
2　入口门厅
3　数字化影院
4　报告厅
5　地铁出入口

0 2　　10　　　20 M

B–B 剖面

上海自然博物馆鸟瞰

下沉庭院鸟瞰

环境融合

"我们的欲望让我们把建筑物从周围环境中分割出来，我们忘记了建筑的本意是让我们容身，让我们居住得更舒服，而不是一味地将建筑当成物体，在其身上画满符号，直至将我们淹没。" 隈研吾提倡的是自然式的建筑，不仅仅是用自然的材料建造的建筑，更是与周围环境很好地统一起来的建筑。他曾在《负建筑》一书中说道："我对建筑是一个独立体表示怀疑。"那种与周围环境息息相关的建筑，那种不再与周围环境相割裂的、非独立的建筑，正是他想要设计并建造的。

处在城市冰冷的环境中，人们越来越需要一个可以亲近自然，让心灵得到休憩的空间。在这种需求下，自然的建筑显得越来越有必要。真正的自然的建筑，并不只是用自然的材料建成的建筑，更不是在钢筋混凝土上贴一层自然材料的建筑，我们需要探寻如何通过建筑将材料、自然和生活串联起来，营造一种舒适的空间。

主入口夜景

绿化墙

上海自然博物馆
SHANGHAI NATURAL HISTORY MUSEUM
上海科技馆分馆

山海关路

北立面

下沉庭院鸟瞰

随着城市发展的不断深入，老旧建筑逐渐无法满足城市更新的需求。与此同时，奥运会、世博会等国际重大活动所带来的一系列机遇，使得人们对城市公共空间的重要性有了全新的认识。

上海自然博物馆在设计中创造了一种与场地相关的人工景观，并转化为场地原始景观，同时又通过人工渗透的方式融合人工景观与自然景观，在保留现状环境和空间关系的前提下进行优化，充分利用特定的历史文化和社会资源，形成建筑独特多重的体验空间环境。

建筑本身则力求"委身"于自然景观之中，从大地中来，到大地中去。形体上采用了一种谦卑的策略，以"鹦鹉螺"形态螺旋上升，使博物馆成为既具标识性又融于周边环境的地景建筑，同时围合出中央景观区，通过下沉庭院和叠加景观的手法，丰富了外部空间层次，为自然博物馆创造了一个安静的内视景观环境。

静安雕塑公园小巧精致，通过改造地形、种植树木花草、营造公共空间和布置园路等途径筑成了一个生态、幽雅、环保的自然环境和游憩空间。园内遍布风格迥异、造型奇特的雕塑作品，提升了园内的艺术氛围，增加了市民的游园趣味。上海自然博物馆的设计通过屋顶绿化、中心庭院等与静安雕塑公园的景观融合；增加建筑的景观层次，同时建筑又隐逸在绿树中。上海自然博物馆不仅尊重和保留历史文化的印记，在景观上也提供了一种回归初始的生活模式，一种怀旧情趣，以及多元化带来的多重体验。

中庭

主入口门厅

中庭 "细胞墙"

上海自然博物馆南侧朝向静安雕塑公园的一面，完全是一种开放的姿态，在形体上，弧形的体量"拥抱"外部的环境，模糊了建筑和公园的界线。从空中鸟瞰，建筑的屋面从空中一直延伸到公园中，与地面的景观相接，公园绿地的几何分割同建筑形体的设计融为一体。建筑本身有特色、有个性，但在雕塑公园的大环境下并不张扬，反而显得谦逊。博物馆东立面完全以绿化墙覆盖，跟整个绿地方向呼应，看上去像公园的绿化从地面延伸到了墙面，最后又折向屋顶，博物馆好似裹了一层绿衣，整个与公园相接的界面非常柔和。

　　主入口通透的拉索玻璃幕墙和超大的"细胞墙"，将室内的公共区和展示区同外部的自然环境相接，模糊了室内外的界线，也使室内变得更加明亮。南立面巨大的混凝土折板结构限定了主入口的空间，突出了入口形象。巨大的"细胞墙"从室内看，呈现的是开阔的公园景观和巨幅城市背景，游客在参观时多了份对自然的真实体验。而博物馆的背面则以巨大沉积岩的形态呈现，这个沿街面更多面对的是行人，鲜明的自然岩石形象，可以给人留有更加自然原始的印象。

　　上海自然博物馆不管是设计的理念还是最终形态的呈现都很好地融入静安雕塑公园这个大环境，它更像是公园里自然生长出来的一件雕塑品。

主入口坡道

地下中庭

中庭弧形天窗

主入口门厅

上海自然博物馆开馆至今已有两年时间，不管是从媒体的关注度还是参观者的热度来说都称得上是上海最受欢迎的博物馆之一。此外，博物馆获得绿色三星设计标识及运行标识，这是对设计技术团队不懈努力的肯定。每天络绎不绝的参观人流，也证明市民对新的上海自然博物馆的认可。目前，博物馆每天的实时参观人数基本维持在千人以上，节假日期间经常出现满员运营的情况——游客在门口排起长队等候入场。一个建筑作品是否成功，归根结底要看使用的情况，面对如此大的人流量，博物馆依然能够维持有序的运行，可见当初空间概念的设计及流线的组织是值得肯定的。

　　从公众对自然博物馆老馆的依依不舍，到新馆"绿螺"的形象深入人心，这是一种新老的传承。希望新的自然博物馆不单单是一个重要的城市文化设施，更能成为市民生活中的一部分，将来同老馆一样，成为一代人值得回味的记忆。

博物馆室外中庭鸟瞰

第三章

概念生成和设计分析
Concept Generation and Design Analysis

设计理念
Design Concept

"细胞墙"的生成
The Evolvement of "Cell Wall"

立面材质
Facade Material

绿化界面
Green Interface

景观意象
The Image of Landscape

技术体系
Technology System

空间构成与功能组织
Spatial Composition and Function Analysis

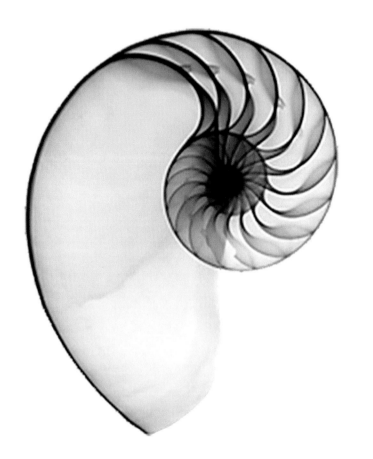

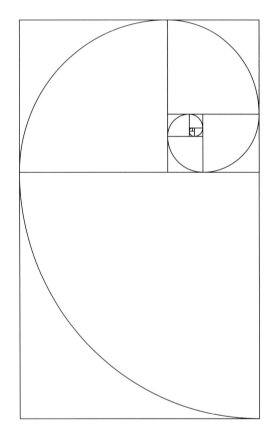

设计概念图

近年来城市建筑不再满足于在平面内扩张，而是不断向天际延伸。而上海自然博物馆似乎采用了相反的策略，通过盘旋的屋顶把建筑的体量往下延伸至大地，追根溯源，寻找城市演化发展的根基。这种形态不仅探求过去与未来的联系，也表现了"文明发展基于自然之美"的潜在逻辑。

设计理念

上海自然博物馆优美流畅的形态，其灵感直接来源于鹦鹉螺。这种盘旋的形式蕴含了内在的数学原理，拥有斐波那契螺旋线般和谐的形式和完美的构成比例，使其在自然演化的时间长河里永恒稳定地存在。这种螺旋形式也有功能流线方面的考虑，自然博物馆的地理位置和城市地位决定了其巨大的容量和流量，盘旋而下的流线将庞大的参观人群引入体量各处，而自然历史演化的漫长过程也自然而然地融入观展旅程。弧形的"细胞墙"围合出一面椭圆形水池，成为贯穿整个建筑参观流线的中心焦点。

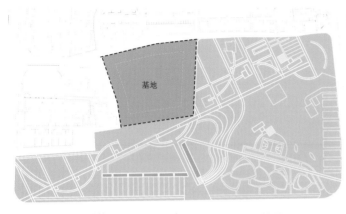

1. 基地

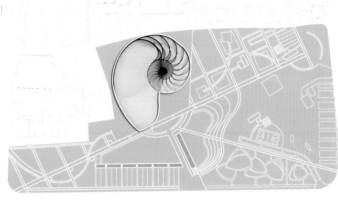

2. 鹦鹉螺

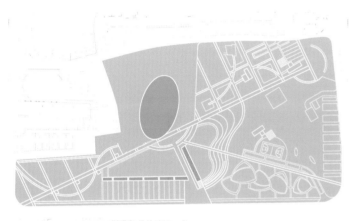

3. 置入水景

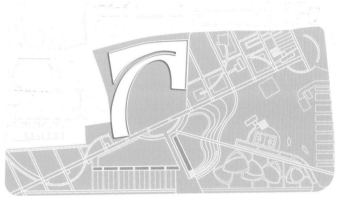

4. 生成平面

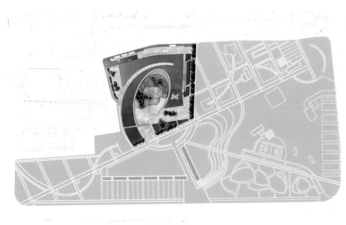

5. 建筑与景观互动

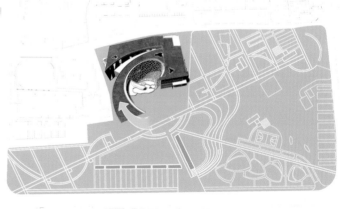

6. 景观延伸到顶部

上海自然博物馆方案生成概念图

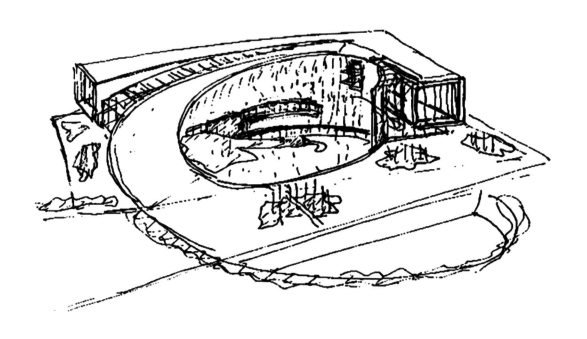

概念草图

上海自然博物馆顶视

"细胞墙"的生成

　　细胞是组成生物的基本单位，简单的功能单位通过不同的机制组合成更强大的单位，再进一步形成组织、器官和系统，最后构成一个完整自治的生命体。这种多层级、多功能的构成原理也被运用到环绕中庭的垂直界面上。大、中、小三个细胞层级分别起到结构、遮阳和热环境调节的作用，尺度上不同层次的叠加也形成了半通透的视觉效果。"细胞墙"就像一个生物的剖切面，向公众展示自然规律的内在原理，也把中庭空间塑造成一个视觉焦点。

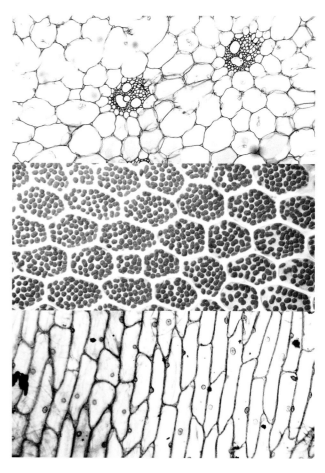

"细胞墙"的概念来源

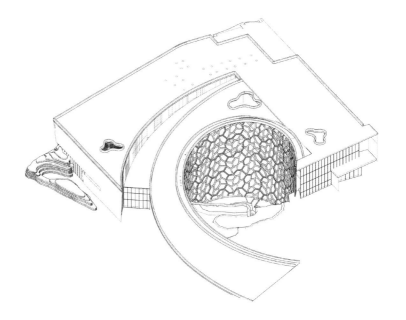

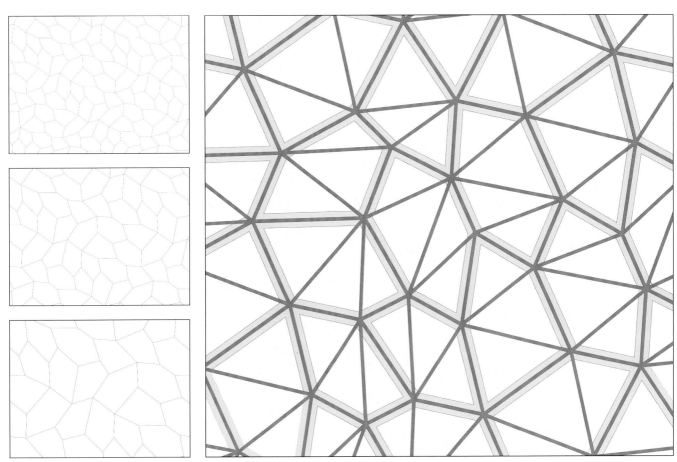

"细胞墙"的概念生成

"细胞墙"局部

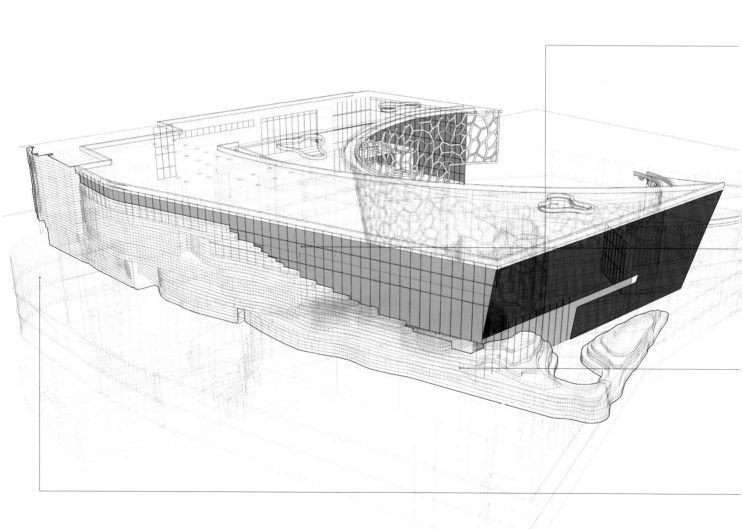

立面材质

　　植被、海洋、高山、峡谷是自然给予人们的馈赠，建筑立面材质的选择也注重运用这些元素来展示自然特性。北侧立面采用了代表地壳板块运动的石墙和河流侵蚀的峡谷壁。斑驳凹凸的外墙、纯净透明的玻璃幕墙和简洁有力的清水混凝土在临街界面形成了鲜明有趣的对比，展示了自然演变过程的厚重沉稳。

清水混凝土

玻璃幕墙

石材幕墙

绿化墙

四种外立面材质

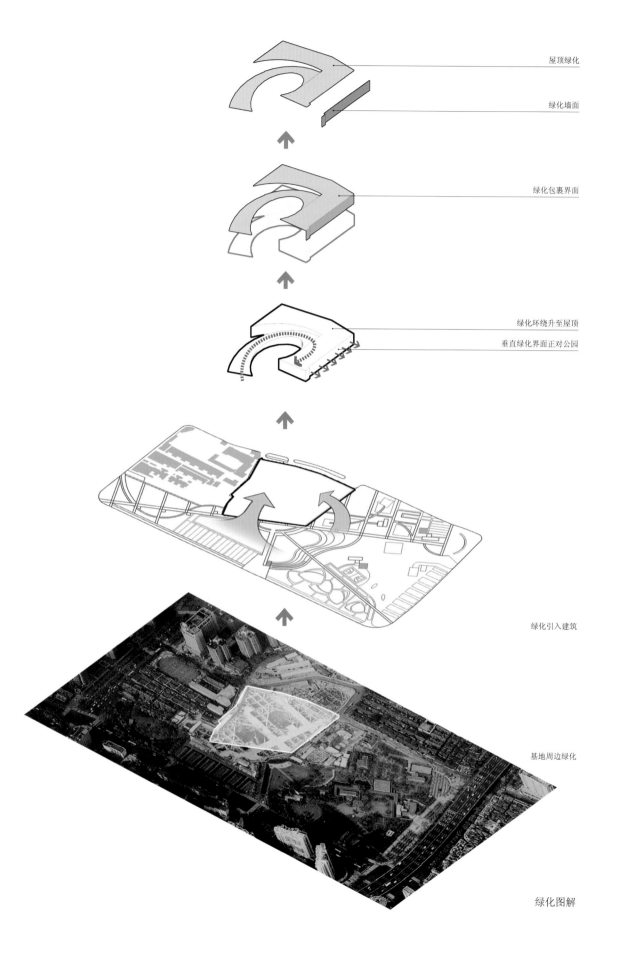

屋顶绿化

绿化墙面

绿化包裹界面

绿化环绕升至屋顶
垂直绿化界面正对公园

绿化引入建筑

基地周边绿化

绿化图解

绿化界面

　　将环境元素以一种创新又环保的方式融入建筑，是自然博物馆建筑设计又一个努力的方向。垂直绿化、屋顶绿化和室内绿化在以往的实践中屡见不鲜，建筑师采用了"顺势包裹"的方法，把雕塑公园中的绿地顺着螺旋上升的建筑体量蔓延至整个建筑顶部，然后再从顶部延伸到正对雕塑公园的主要立面上，形成半开放的绿化界面；垂直绿化和屋顶绿化包裹着建筑，像把绿地抬升到了空中，形成对地面绿化环境的延续。

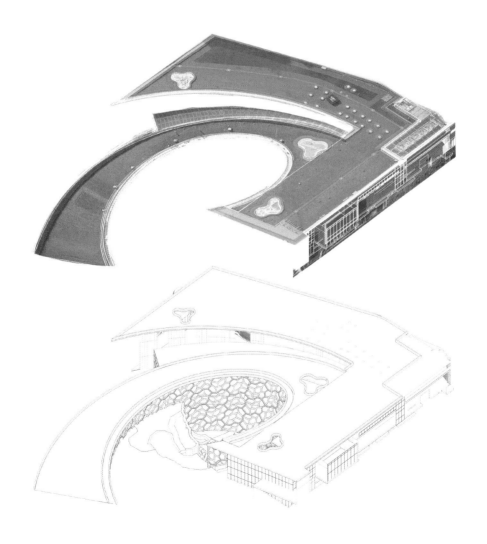

绿化界面位置

景观意象

　　将自然博物馆与本地文化融合一直是设计关注的重点，而椭圆形的中庭提供了突破点。建筑师从山、水、陆地、岩石中提炼出景观和建筑材料语汇，将传统中国画中步移景异的卷轴式情景展开模式立体化，结合垂直纵深的中庭空间走势，把各景观自然元素错落有序地组织起来。丰富灵动的中庭被纯净简洁的建筑体量环抱，形成有趣的对比。中庭水池采用特殊技术手段实现蒸发散热，使得景观设计也参与到整个生态建筑的运行过程中。

　　通过与场地的整合，自然博物馆创造了人与自然和谐共处的空间；对传统文化的抽象运用，也体现了立足本土、放眼未来的价值观。

山水花园：纵深向的情景展开

中心水池：生命汇聚的自然主题

渗透界面：自然和传统

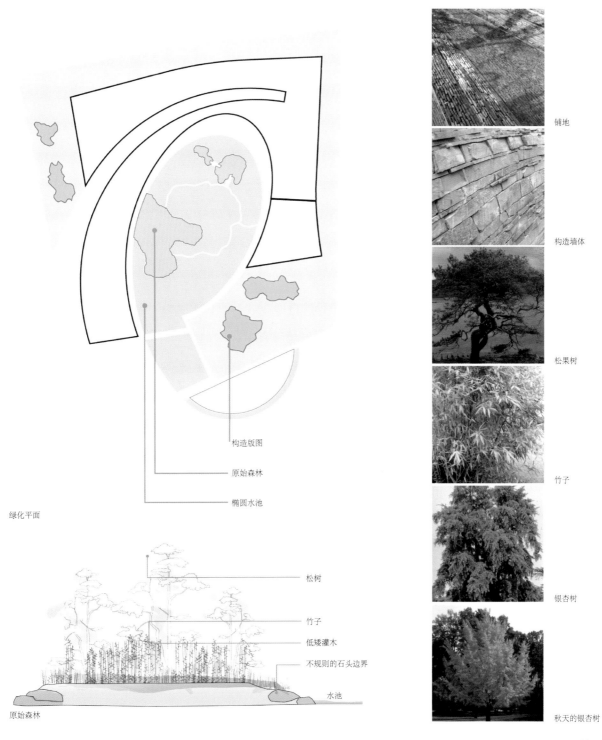

构造版图

原始森林

椭圆水池

绿化平面

松树

竹子

低矮灌木

不规则的石头边界

水池

原始森林

铺地

构造墙体

松果树

竹子

银杏树

秋天的银杏树

景观设计

技术体系

　　高效循环利用有限资源是实现可持续发展最直接的途径之一。上海自然博物馆的设计始终贯彻生态环保、节能减排的理念，积极利用绿色技术，最大化地实现资源的利用与循环。

　　自然博物馆系统地建立了包含幕墙、绿化、地源热泵、热回收、自然通风在内的 12 个生态节能技术体系，针对博物馆建筑特点，集成与之相适应的生态节能技术，成为绿色、生态、节能、智能建筑的典范。

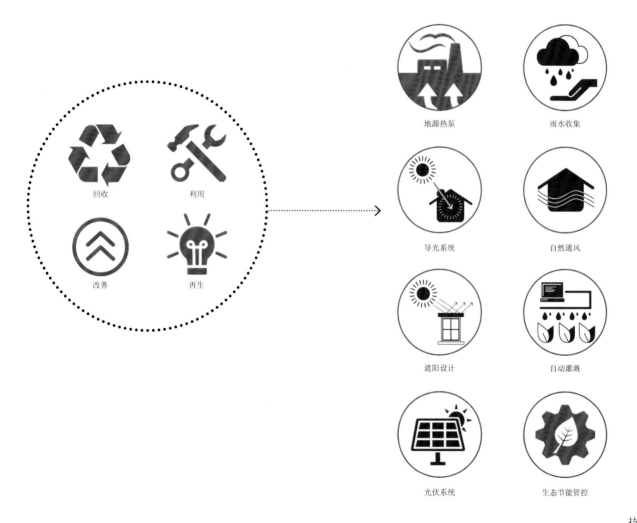

回收　　利用

改善　　再生

地源热泵　　雨水收集

导光系统　　自然通风

遮阳设计　　自动灌溉

光伏系统　　生态节能管控

技术体系分析

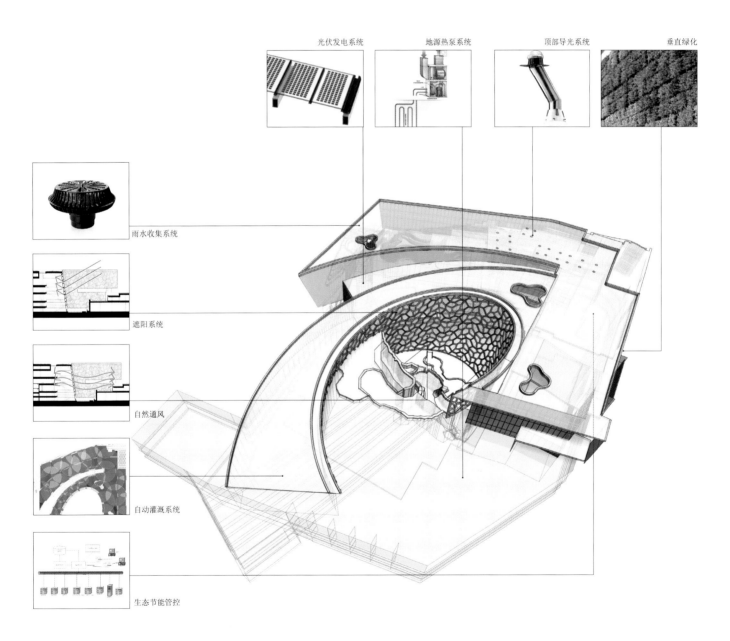

光伏发电系统

地源热泵系统

顶部导光系统

垂直绿化

雨水收集系统

遮阳系统

自然通风

自动灌溉系统

生态节能管控

绿色技术应用分布

中共淞浦特委机关旧址的迁移保护

联系场地景观的屋顶绿化

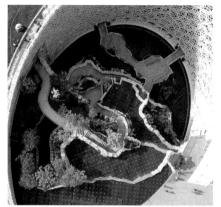

保持生物多样性的下沉庭院设计

贯穿地上、地下的自然采光"细胞墙"

兼顾自然通风的采光天窗

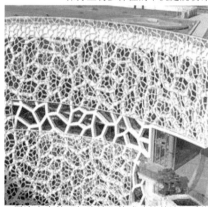

层次丰富的"细胞墙"构成建筑外遮阳系统

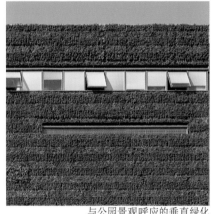

与公园景观呼应的垂直绿化

入口空间的形体自遮阳

象征自然演化的石材幕墙

灵活散布于屋顶绿化中的导光管采光口

清水混凝土幕墙的形体自遮阳

结合采光天窗的光伏发电

光伏面板

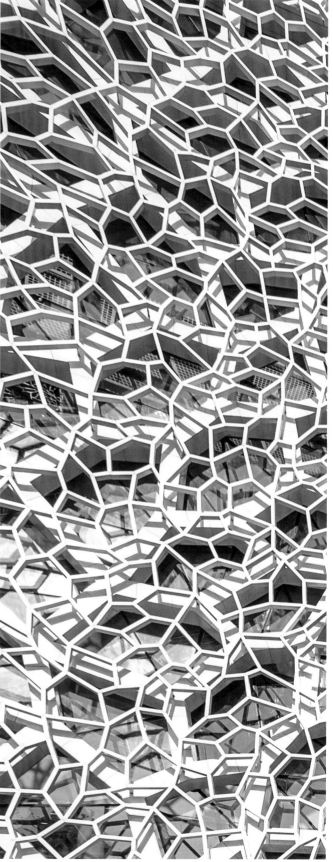

"细胞墙"

空间构成与功能组织

上海自然博物馆在建筑空间组织上遵循"鹦鹉螺"的理念，以山水景观为核心主题，而自然历史各部分的演化发展历程则环绕这一核心主题盘旋展开。空间上以中庭为核心布置展陈空间，参展流线盘旋而下，创造出自上而下的空间动势。

为了减小建筑体量对城市街道和公园环境的影响，自然博物馆约70%的建筑设在地下。

地上一层主要设置入口大厅、"恐龙厅"展厅，以及礼品店等辅助用房；一层夹层设置餐厅和咖啡厅；地上二层主要为展示空间及IMAX影院；地上三层为内部办公区；地下二层主要为展示空间，主题展示空间北部设置库房和设备机房；地下二层夹层为库房、研究用房，东翼为展示空间；地下一层为展示空间，包括常设展区和临时展区，北侧设置车库，东北角安排设备用房；地下一层夹层为停车库。

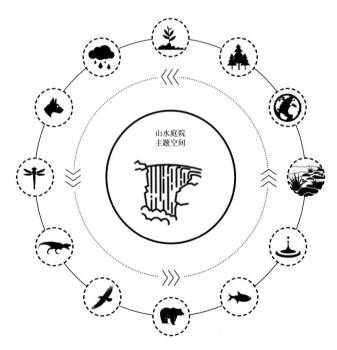

山水景观主题图解

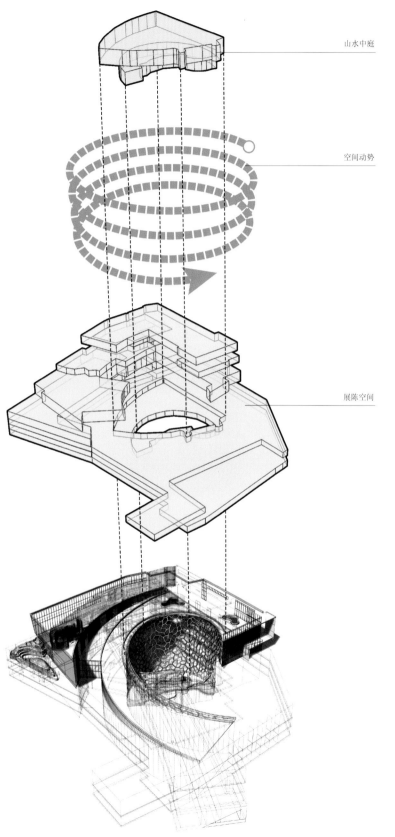

山水中庭

空间动势

展陈空间

流线概念图

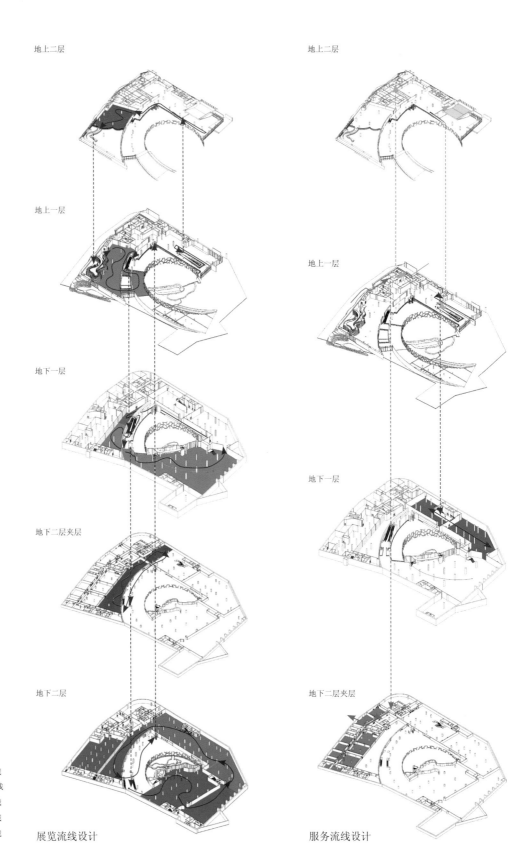

地上二层

地上一层

地下一层

地下二层夹层

地下二层

地上二层

地上一层

地下一层

地下二层夹层

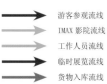

游客参观流线
IMAX 影院流线
工作人员流线
临时展览流线
货物入库流线

展览流线设计

服务流线设计

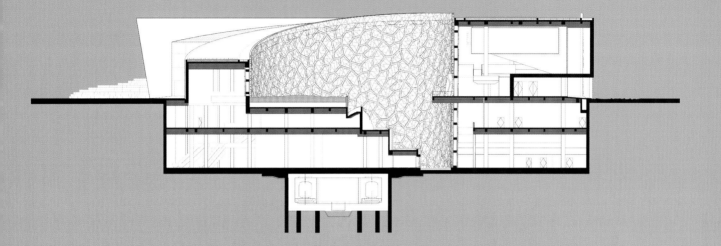

C–C 剖面

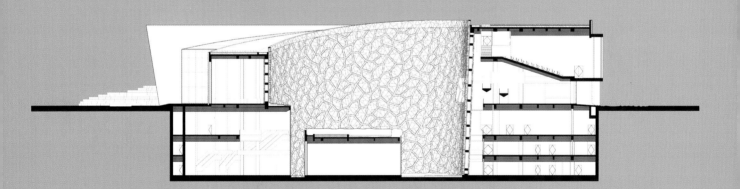

0 2 10 20 M

D–D 剖面

建筑内部各层平面按功能流线分区。设备用房设于平面东北角，靠外墙布置；库房、车库等功能空间设于北翼，独立成区。各层展区空间结合中心景观庭院组织参观流线，通过跨层的大空间和中庭公共区域相互沟通，以适应不同的布展需求并形成丰富的空间体验。展厅的参观流线设计为一个贯穿各层、各展厅和共享空间的连续整体。

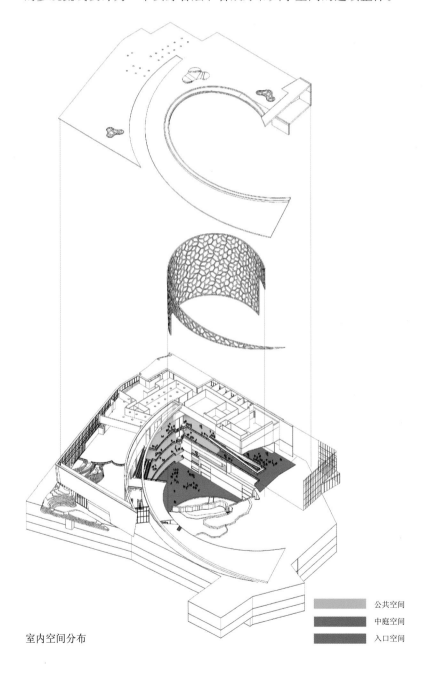

室内空间分布

公共空间

中庭空间

入口空间

起源之谜
MYSTERIOUS BEGINNINGS

中庭走廊

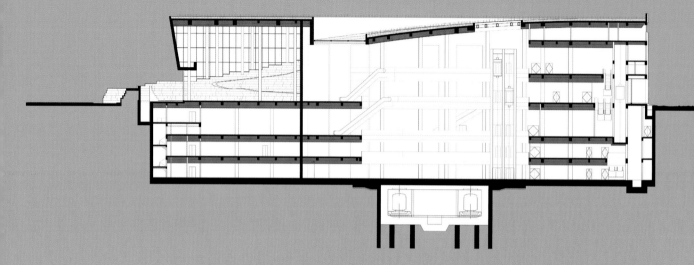

E-E 剖面

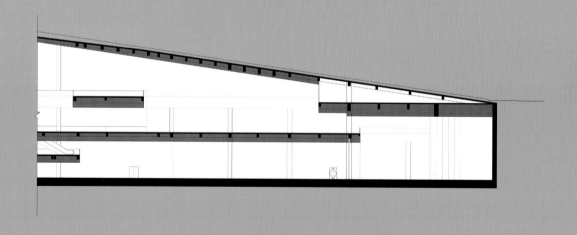

0 2   10   20 M

F-F 剖面

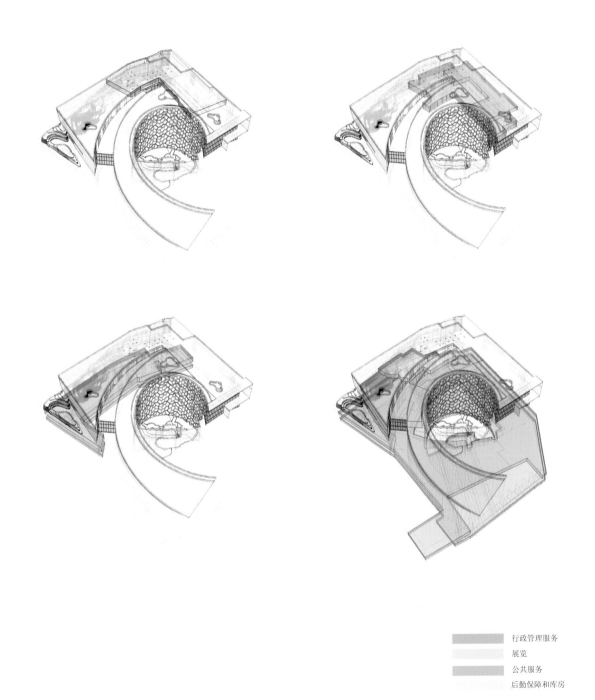

行政管理服务
展览
公共服务
后勤保障和库房

功能构成图

室内局部

第四章

绿色设计的表达与实现
Presentation and Implementation of Green Design

幕墙系统
Curtain Wall

清水混凝土墙面
Bare Concrete Wall

建筑光环境
Light Environment

自然通风体系
Natural Ventilation System

绿化体系
Green System

庭院设计
Courtyard Design

室内设计
Interior Design

展陈设计
Exhibition Design

幕墙系统

上海自然博物馆主要的幕墙系统包括三种：①"细胞墙"设计系统；②单层索网幕墙系统；③石材幕墙系统。建筑外围护体系采用节能玻璃幕墙及石材幕墙，并充分结合各种形式的主动式和被动式外部遮阳体系，将能耗最大的建筑表皮转换成能量生产的表面和内部空间的能量调节装置。

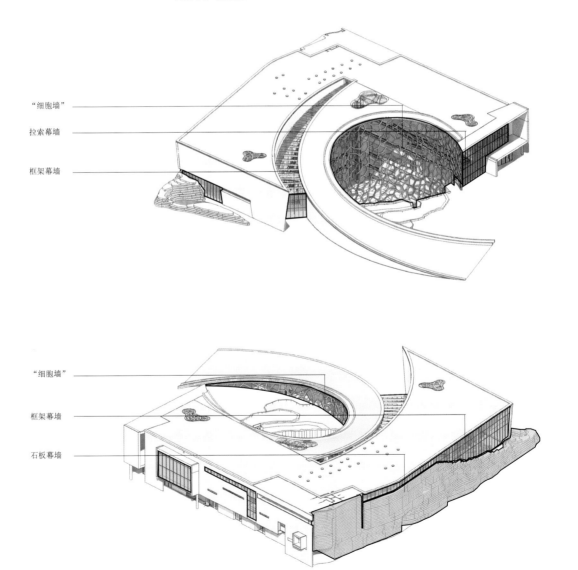

"细胞墙"

拉索幕墙

框架幕墙

"细胞墙"

框架幕墙

石板幕墙

幕墙分布示意图

"细胞墙"设计

建筑沿下沉庭院的弧形墙面呼应人类细胞结构的图案，故称为"细胞墙"，这是整个建筑的一大亮点。夜晚，"细胞墙"可以形成一个巨大的 LED 灯光秀屏幕，成为雕塑公园的一道风景。

"细胞墙"的构成包括三个层面：①支撑建筑墙体和屋面的较大尺度的内层结构；②由图案组成的较小尺度的外层结构；③具有遮阳功能的玻璃。

在结构方面，考虑到竖向荷载和风荷载，采用"ANSYS"和"SAP2000"软件对"细胞墙"进行变形、应力和稳定性分析。确定杆件平面外计算长度系数时采用弹簧刚度法。构件基本采用尺寸为300毫米×500毫米×10毫米的箱型截面。在初步设计阶段，"细胞墙"采用了一致的构件截面。但由于不同部分的"细胞墙"构件应力水平有差异，因此在施工图阶段对"细胞墙"结构进行了进一步的精细化分析，以优化构件的尺寸，在确保安全性的前提下提高结构的经济性。

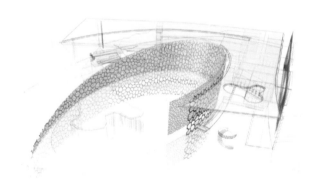

"细胞墙"概念图

"细胞墙"方案稿

"细胞墙"实施稿

"细胞墙"建成实景

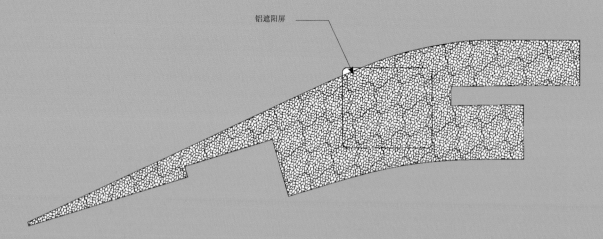

铝遮阳屏

遮阳屏展开立面

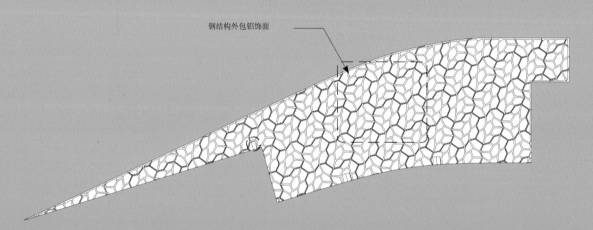

钢结构外包铝饰面

结构层展开立面

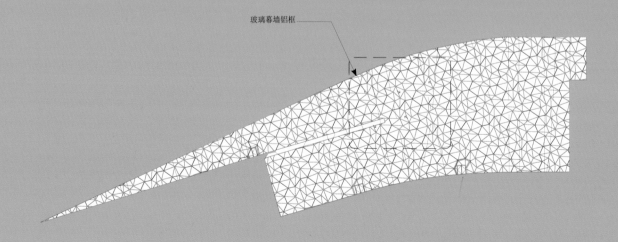

玻璃幕墙铝框

玻璃幕墙展开立面

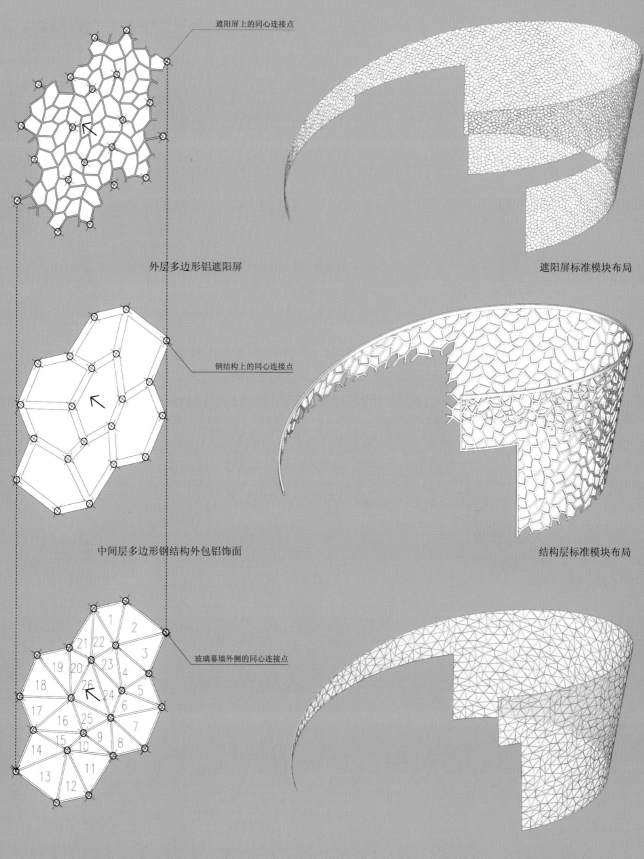

遮阳屏上的同心连接点

外层多边形铝遮阳屏

遮阳屏标准模块布局

钢结构上的同心连接点

中间层多边形钢结构外包铝饰面

结构层标准模块布局

玻璃幕墙外侧的同心连接点

内层铝框玻璃幕墙单元被细分为三角形

玻璃幕墙标准模块布局

框架式玻璃幕墙系统，外视为明框铝合金装饰带，装饰带宽100毫米，深300毫米，采用断热结构。面材采用Low-E中空钢化玻璃，横竖龙骨均采用方钢龙骨，外扣铝合金型材，使内外装饰面保持一致。方钢龙骨通过转接件固定在主体钢结构支撑上。

幕墙的玻璃座安装在边框上，玻璃通过压板压紧，外加扣板，安装可靠，装饰效果好，耐候性强。玻璃可调节，能满足幕墙各种变位要求。

所有硬性接触处，均采用弹性连接，提高了幕墙的抗震性能，消除了伸缩噪声，同时由于密封性能的提高，保证了帷幕的隔声效果。

不同金属的接触面都使用尼龙垫片以防止电化腐蚀，提高幕墙使用寿命。

利用等压原理和结构密封保证幕墙的水密性和气密性，其水密性和气密性均可达到I级。

室内外铝合金型材可视部分表面作氟碳喷涂处理，其余均作阳极氧化处理；钢型材表面作热浸镀锌处理。

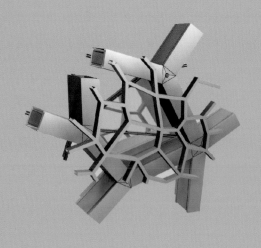

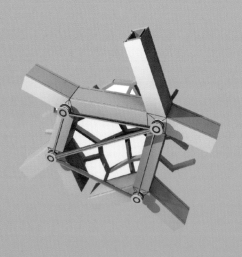

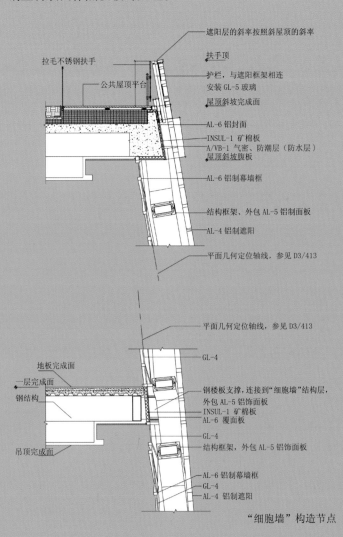

遮阳层的斜率按照斜屋顶的斜率

拉毛不锈钢扶手

扶手顶

护栏，与遮阳框架相连

公共屋顶平台

安装 GL-5 玻璃

屋顶斜坡完成面

AL-6 铝封面

INSUL-1 矿棉板

A/VB-1 气密、防潮层（防水层）

屋顶斜坡腹板

AL-6 铝制幕墙框

结构框架、外包 AL-5 铝制面板

AL-4 铝制遮阳

平面几何定位轴线，参见 D3/413

平面几何定位轴线，参见 D3/413

GL-4

地板完成面

一层完成面

钢结构

钢楼板支撑，连接到"细胞墙"结构层，外包 AL-5 铝饰面板

INSUL-1 矿棉板

AL-6 覆面板

GL-4

结构框架，外包 AL-5 铝饰面板

吊顶完成面

AL-6 铝制幕墙框

GL-4

AL-4 铝制遮阳

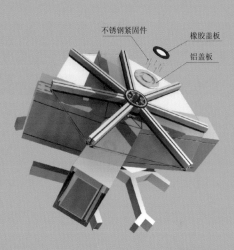

不锈钢紧固件

橡胶盖板

铝盖板

"细胞墙"构造模型示意图

"细胞墙"构造节点

"细胞墙" 室外局部

单层索网幕墙系统

在自然博物馆中，拉索幕墙主要运用于入口大厅。拉索幕墙无玻璃边框，可以使门厅变得更加通透明亮。

拉索幕墙解决了现有技术因支承结构遮挡面积较大，影响通透性及视觉效果的问题。整体结构简单、轻巧，适应性强，并且便于安装施工。拉索幕墙主要借助前、后夹紧板、加紧轴和拉索：玻璃板夹在前、后夹板之间，前夹紧板上带有夹紧轴，拉索装在夹紧轴上的槽口内，用顶丝固定；拉索隐藏在玻璃缝中，紧固螺母，通过前、后夹板将玻璃板夹紧，拉索的四周、玻璃板缝内用密封胶填充。新型的玻璃固定件可以采用玻璃开孔方式，利用驳接爪和驳接头固定玻璃，也可以采用无孔玻璃结构，利用玻璃缝固定玻璃。

上海自然博物馆采用夹板式单向索结构玻璃幕墙；在不锈钢316竖向索结构端头加装保护弹簧，以减小温度应力对混凝土结构的拉力。

幕墙面材采用Low-E中空钢化玻璃，单层索网采用不锈钢索。为抵抗风荷载和结构自重，索网左右两边钢索通过预张拉并固定在主体结构上。索网竖向拉索主要承受竖向玻璃幕墙自重；横向拉索主要承受水平风荷载和地震作用，并对结构整体起到稳定作用。玻璃幕墙由一组横向与竖向钢缆组成的单层平面索网支撑，水平钢索在内侧，竖直钢索在外侧。钢索锚固在主体结构上。玻璃通过铸造不锈钢夹安装在钢缆上，在钢缆的交叉点处，夹钳通过螺栓固定。玻璃采用密封胶密封。

单层索网幕墙系统室内设置垂直式遮阳卷帘，可有效提高幕墙的遮阳系数，提升幕墙的节能效果。卷帘可在需要时上升并完全收起，以满足室内采光要求。

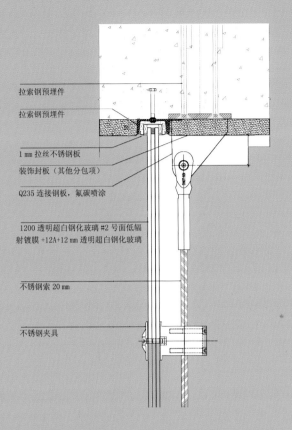

拉索钢预埋件

拉索钢预埋件

1 mm 拉丝不锈钢板

装饰封板（其他分包项）

Q235 连接钢板，氟碳喷涂

1200 透明超白钢化玻璃 #2 号面低辐
射镀膜 +12A+12 mm 透明超白钢化玻璃

不锈钢索 20 mm

不锈钢夹具

拉索幕墙局部大样图

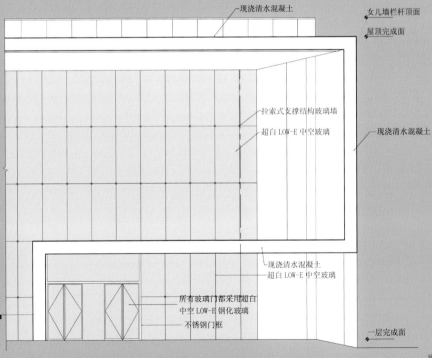

现浇清水混凝土

女儿墙栏杆顶面

屋顶完成面

拉索式支撑结构玻璃墙

超白 LOW-E 中空玻璃

现浇清水混凝土

现浇清水混凝土

超白 LOW-E 中空玻璃

所有玻璃门都采用超白
中空 LOW-E 钢化玻璃

不锈钢门框

一层完成面

南立面局部大样图

拉索幕墙建成效果

石材幕墙系统

石材幕墙通常是由石板支承结构（铝横梁立柱、钢结构、玻璃肋等）组成的，不承担主体结构荷载与作用的建筑围护结构。

上海自然博物馆的西北立面，主要运用石材幕墙系统，并设计成带有斑驳、条形岩石肌理的构造。这一形式隐喻了地壳的形成，与自然博物馆的主题相呼应，同时与柔和的绿化幕墙及通透的玻璃幕墙形成强烈的对比，突出建筑的个性。

自然博物馆采用背栓开放式石材干挂幕墙系统，背衬 EPS 保温板，墙体涂防水层；采用钢骨架不仅提高结构刚度和强度，而且经济合理。采用这一系统主要考虑石材板面受力状态较好，保证板面强度，结构安全可靠。

石材背栓是将铝制挂件固定在石材上，并涂石材专用胶补强；竖龙骨与转接件及挂件可实现三维调整，保证挂点精度，石材板块直接挂装到铝合金挂件上，定位锁紧。现场工作量小，施工速度快，保证工期要求。

石材板块上的铝制挂件和横龙骨上的挂件为双向钩结构，相互咬合，不易脱落，挂接可靠。

钢铝结合部位加设隔离垫片，防止电位差腐蚀，并采用不锈钢螺栓连接，满足防腐要求。钢型材表面作热浸镀锌处理。

在石材板块的四周及背面涂专用防水剂，一是有效阻水，二是保护石材。

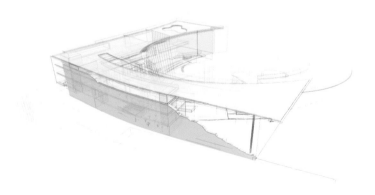

石材幕墙概念图

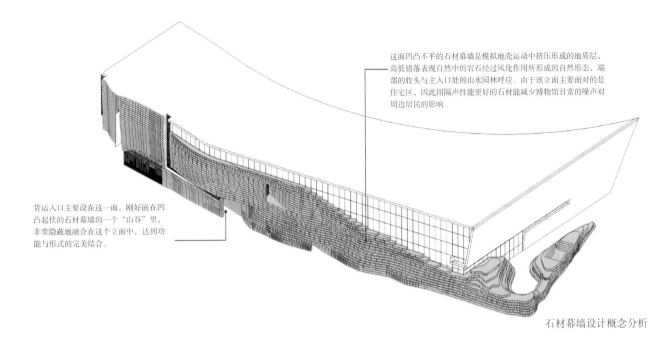

这面凹凸不平的石材幕墙是模拟地壳运动中挤压形成的地质层，高低错落表现自然中的岩石经过风化作用所形成的自然形态，端部的收头与主入口处的山水园林呼应。由于该立面主要面对的是住宅区，因此用隔声性能更好的石材能减少博物馆日常的噪声对周边居民的影响。

货运入口主要设在这一面，刚好嵌在凹凸起伏的石材幕墙的一个"山谷"里，非常隐蔽地融合在这个立面中，达到功能与形式的完美结合。

石材幕墙设计概念分析

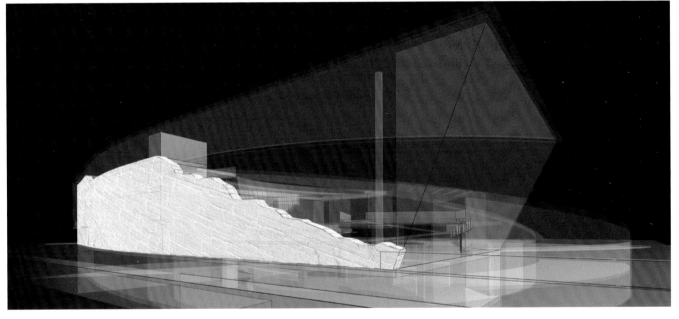

石材幕墙概念

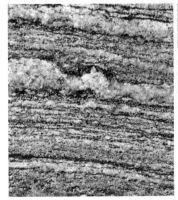

自然中的沉积岩

石材幕墙的概念表现

石材幕墙局部效果

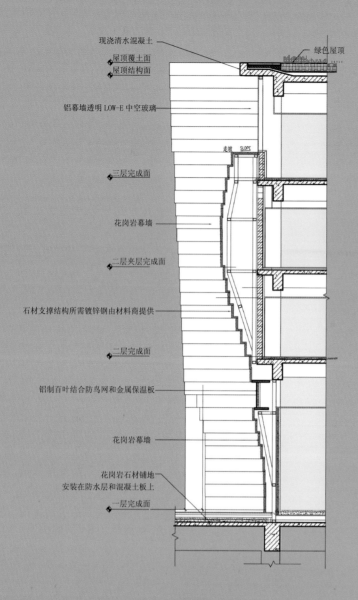

现浇清水混凝土
绿色屋顶
屋顶覆土面
屋顶结构面

铝幕墙透明 LOW-E 中空玻璃

走坡 SLOPE

三层完成面

花岗岩幕墙

二层夹层完成面

石材支撑结构所需镀锌钢由材料商提供

二层完成面

铝制百叶结合防鸟网和金属保温板

花岗岩幕墙

花岗岩石材铺地
安装在防水层和混凝土板上
一层完成面

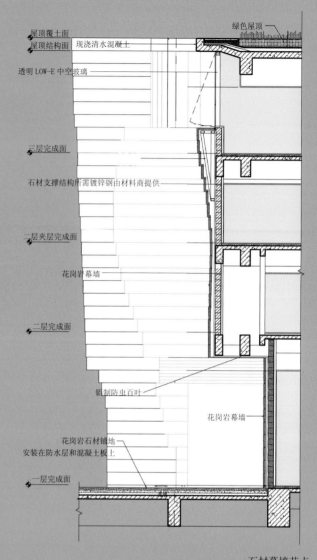

屋顶覆土面
绿色屋顶
屋顶结构面
现浇清水混凝土

透明 LOW-E 中空玻璃

二层完成面

石材支撑结构所需镀锌钢由材料商提供

二层夹层完成面

花岗岩幕墙

二层完成面

铝制防虫百叶

花岗岩幕墙

花岗岩石材铺地
安装在防水层和混凝土板上
一层完成面

石材幕墙节点

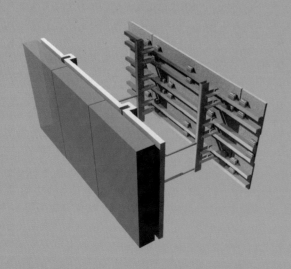

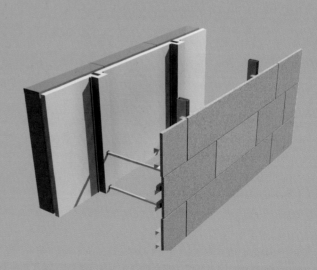

石材幕墙三维构造节点

清水混凝土墙面

清水混凝土的应用

上海自然博物馆室外采用了大量的清水混凝土，主要应用于建筑西立面。清水混凝土是混凝土材料中的一种十分高级的表达形式，它显示的是一种本质的美感，体现的是"素面朝天"的状态，细腻光滑的质感与北面石材幕墙的凹凸粗旷形成鲜明的对比，与玻璃幕墙的结合像是从复杂的地壳运动中破茧而出，完成了从粗到细的质变。

建筑主入口面向静安雕塑公园，清水混凝土的应用，表达出一种朴实无华、自然沉稳的外观韵味，刚好与公园安静宁和的气氛相呼应。

入口处清水混凝土与玻璃幕墙的组合，体现出混凝土结构的张力，远远看去，通透的玻璃幕墙似乎消失了，只剩下清水混凝土的屋顶和侧墙，如雕塑般曲折向上，让参观者在刚进雕塑公园时就感受到大自然的神奇。

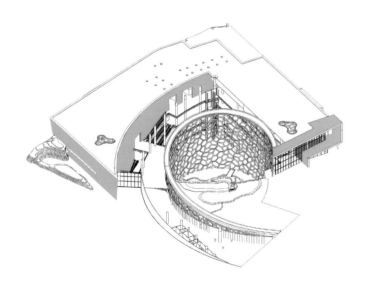

清水混凝土墙位置示意图

主入口处的清水混凝土

混凝土模板支撑体系

螺旋扭矩试验模型

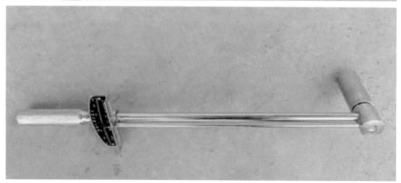

定制清水混凝土墙扭矩扳手

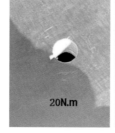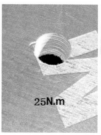

经过扭矩扳手试验得出最佳扭矩力矩

清水混凝土的施工技术要点

在中国，清水混凝土尚处于发展阶段，属于新兴的施工工艺，真正掌握该技术的施工单位并不多。清水混凝土墙面最终的装饰效果，一部分取决于混凝土浇筑的质量，一部分取决于后期的透明保护喷涂施工。

由于清水混凝土对施工工艺要求很高，因此与普通混凝土的施工有很大的不同，具体表现在：每次打水泥必须先打料块，对比前次色彩，通过仪器检测后才可继续打；必须震捣均匀；施工温度要求十分严格，适合在4月至10月间施工；对施工人员的现场管理也十分重要，每一道工序都必须仔细；由于清水混凝土具有一次浇注完成、不可更改的特性，因此，与墙体相连的门窗洞口和各种构件、埋件须提前准确设计与定位，与土建施工同时预埋铺设。另外，由于没有外墙垫层和抹灰层，因而施工人员必须为门窗等构件的安装预留槽口；墙体上若安装雨水管、通风口等外露节点，也须设计好与明缝等的交接。

侧入口处的清水混凝土

中庭细胞墙采光

建筑光环境

　　建筑光环境的内涵广泛，对日常工作、生活的舒适度有着显著影响。上海自然博物馆作为博物馆类建筑，其展品大部分有避光要求，因此，60% 的建筑展览空间设于地下，而需避光的展厅不在采光系数要求范围内；主要利用软件对中庭、门厅和办公区进行辅助设计，达到采光要求。另外，自然光的合理引入不仅减轻了能耗负担，而且为室内展览空间的变化带来可能。

　　上海自然博物馆新馆主要从自然采光体系、顶部光导系统、建筑外遮阳、人工照明体系四个方面对建筑的光环境进行整体设计，通过建筑技术和建筑造型设计两个层面的有机结合，为参观者和工作人员营造一个舒适的建筑光环境。

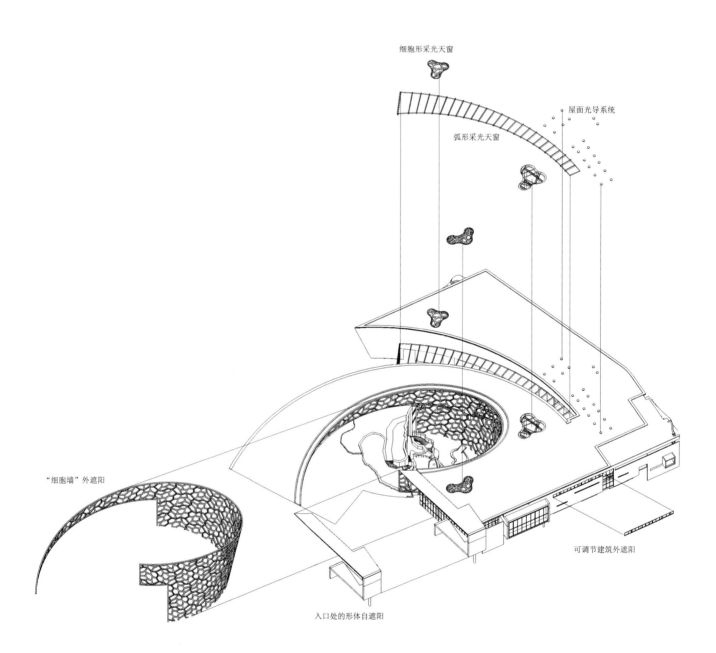

细胞形采光天窗

屋面光导系统

弧形采光天窗

"细胞墙"外遮阳

可调节建筑外遮阳

入口处的形体自遮阳

采光构件分解图

自然采光体系

自然光照环境能满足人们生理（视觉）、心理和美学需要。相对于地上空间而言，地下空间对光线的需求更大。

上海自然博物馆南侧中庭结合下沉广场设计了通高细胞玻璃幕墙，自然光线透过玻璃幕墙照亮了大部分地下空间。通过采光模拟分析，地下二层中庭的采光计算面积为 1 938 平方米，采光系数达标面积为 1 938 平方米，达标比例为 100%。

玻璃幕墙细胞状的构架与建筑一体式遮阳相互融合，在保证展厅采光要求的同时，兼顾展品需避免日光直射及眩光的特定要求。同时，细胞构架的倒影丰富了展示空间本身，为沉闷的地下空间带来了勃勃生机。

入口门厅及开放展厅除通过幕墙采光外，还增加了顶部天窗采光，主要有细胞形天窗和绿化屋面间的弧形采光天窗两种形式。通过采光模拟分析，地上一层展厅及门厅的采光计算面积为 3 896 平方米，采光系数达标面积 3 066 平方米，达标比例为 79%。

光线通过顶部天窗进入室内，随着时间的推移和季节的变化，光斑不断地改变形态，成为中庭里一道舞动的风景。

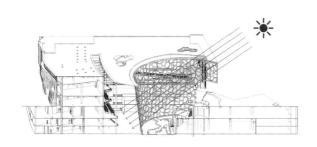 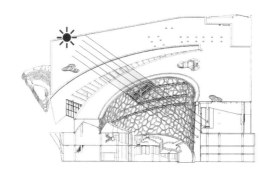

"细胞墙"侧向采光示意图

屋面光伏面板及光导系统位置

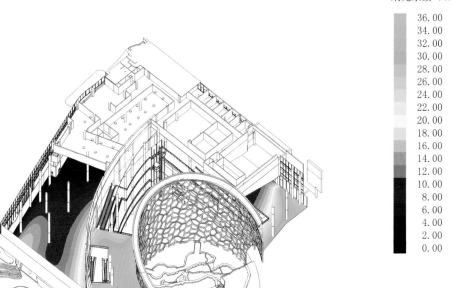

采光系数（%）

36.00
34.00
32.00
30.00
28.00
26.00
24.00
22.00
20.00
18.00
16.00
14.00
12.00
10.00
8.00
6.00
4.00
2.00
0.00

地上一层展厅及门厅采光系数分布

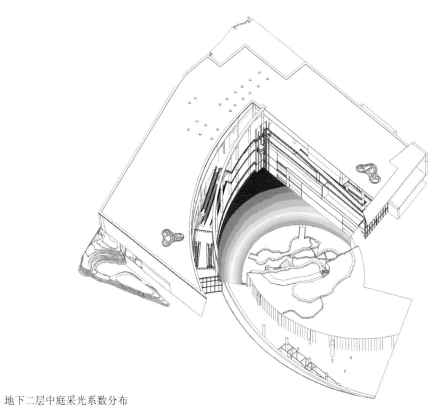

地下二层中庭采光系数分布

屋面光导系统

顶部光导系统

　　上海自然博物馆顶层办公区采用管道式主动导光系统：四间办公室共布置 22 套、馆史室 4 套、资料室 8 套、展廊 2 套、走廊 3 套。通过计算模拟及现场感受，安装该系统后，正常情况下白天不开灯，就可达到室内采光系数及照度要求。

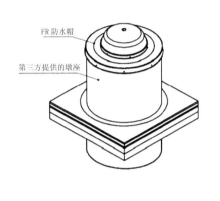

自然光导入系统轴侧图

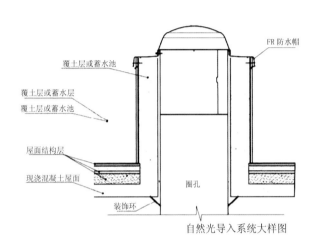

自然光导入系统大样图

办公区光导系统效果

入口遮阳效果模拟

建筑主入口大样图

建筑外遮阳

上海自然博物馆遮阳系统可以分为三大类:形体自遮阳、"细胞墙"外遮阳和可调节外遮阳。技术和艺术在此得到了完美的融合,建筑遮阳和建筑外立面设计有效结合在一起,设计本身通过细节性的构图处理和构造本身的逻辑进退关系,成就了光、影、空间、遮阳的有机组合,投影出岁月流光。

在技术层面,外遮阳一方面通过阻挡阳光直射辐射和漫射辐射,控制热量进入室内,降低室温,改善室内热环境,大大削减空调高峰负荷;另一方面,适量的阳光又使人感到舒适,带来愉悦的心理感受。

遮阳是对太阳光的一种合理利用,根据建筑物所处地区在不同季节的日照角度、日照时间及周边环境,通过综合考虑并合理调配遮阳构件的布置角度、对光线的反射和折射,达到控制光线的目的:夏季,强烈的光线被挡在室外,防止过多的光线进入室内;冬季,温暖的阳光折射进室内,形成漫散光,提高室内照明度,改善室内光环境和热环境。

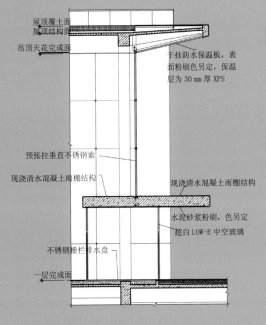

屋顶覆土面
屋顶结构面
吊顶天花完成面
干挂防水保温板,表面粉刷色另定,保温层为 30 mm 厚 XPS
预张拉垂直不锈钢索
定制不锈钢玻璃支架,固定在垂直不锈钢索上
超白 LOW-E 中空玻璃
玻璃幕墙的钢索穿过一层楼板,锚固在一层楼板的下方
一层完成面

建筑入口 1-1 剖面图

建筑形体自遮阳

博物馆主入口采用形体自遮阳的形式,清水混凝土结构体从入口地面一侧挺立而上,延伸至 6 米标高,横向出挑约 6.5 米,形成天然的水平挡板遮阳。结构体又继续折行至屋面,这种穿插、咬合、叠加的关系产生虚实交错的效果,在营造多样的空间系统的同时,也为参观者提供遮阳、休憩、驻足和等待的人性化复合空间。

屋顶覆土面
屋顶结构面
吊顶天花完成面
干挂防水保温板,表面粉刷色另定,保温层为 30 mm 厚 XPS
预张拉垂直不锈钢索
现浇清水混凝土雨棚结构
现浇清水混凝土雨棚结构
水泥砂浆粉刷,色另定
超白 LOW-E 中空玻璃
不锈钢栅栏排水盘
一层完成面

建筑入口 2-2 剖面图

未设"细胞墙"效果模拟图

"细胞墙"遮阳模拟图

"细胞墙"外遮阳

　　南立面弧形玻璃幕墙，结合设计生命起源的主题，采用仿生细胞形态，通过三个层次的构造，将结构、造型、遮阳和节能融为一体。这种前后叠合的层次，既丰富了建筑外立面造型，在光影照射下熠熠生辉，又在适度遮阳、避免眩光的情况下，满足博物馆展厅对采光的需求。

　　建筑幕墙选用透光率较高、反射率较低的低辐射镀膜 LOW-E 中空玻璃。LOW-E 中空玻璃遮阳系数为 0.44 ~ 0.46，控制自然光入射的同时，将可见光的外部反射率控制在 15% 以下，确保建筑不对周边环境造成光污染。

　　弧形玻璃幕墙墙面以底边为基准，向外倾斜；顶部檐口相对于底部索网玻璃幕墙出挑约 7 米，形成天然的水平挡板遮阳。

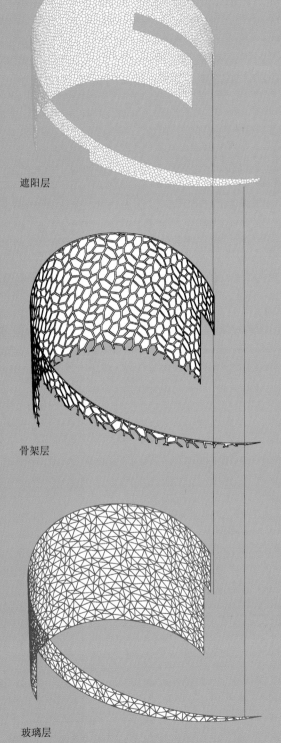

遮阳层

骨架层

玻璃层

"细胞墙"分解图

扶手顶

屋顶完成面

AL-6 梁封面

三层完成面

标准遮阳，外包 AL-4 铝饰面板

GL-4 玻璃和 AL-6 铝框幕墙

结构框架外包 AL-5 铝饰面板

二层完成面

平面几何定位轴线

地下一层完成面

标准遮阳，外包 AL-4 铝饰面板

GL-4 玻璃和 AL-6 铝框幕墙

结构框架外包 AL-5 铝饰面板

地下二层夹层完成面

遮阳底部

通风铝百叶（AL-6）

地下二层完成面

"细胞墙"墙身大样图

可调节外遮阳

可调节外遮阳

可调节外遮阳设于东侧办公室立面及屋顶弧形天窗，可以根据人体对采光、热度的需求，灵活调节，符合工作人员长期活动的需求。

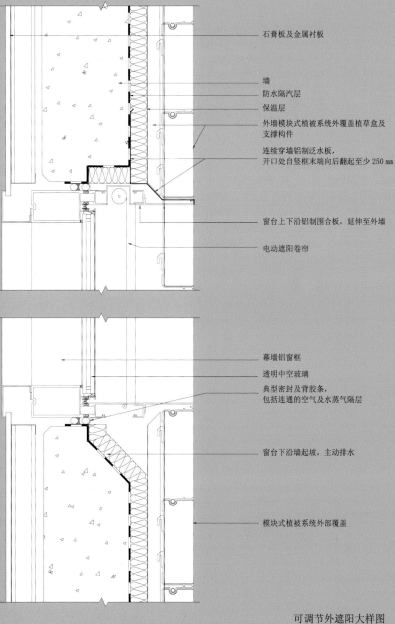

石膏板及金属衬板

墙
防水隔汽层
保温层
外墙模块式植被系统外覆盖植草盒及支撑构件
连续穿墙铝制泛水板，开口处自竖框末端向后翻起至少250 mm

窗台上下沿铝制围合板，延伸至外墙

电动遮阳卷帘

幕墙铝窗框
透明中空玻璃
典型密封及背胶条，包括连通的空气及水蒸气隔层

窗台下沿墙起坡，主动排水

模块式植被系统外部覆盖

可调节外遮阳大样图

人工照明体系

自然博物馆人工照明体系本着服务公众的原则,在设计上首先考虑照度对周边居民道路环境的影响。按照北虚南实、西弱东强的基本原则,与建筑物本体东高西低的造型相呼应。照明设计主要分为室外和室内两个部分,其中室外包括幕墙泛光和庭院景观照明体系。

室外 LED 照明系统

建筑主体照明设计基于还原、展现、点缀建筑的原则,结合材质、功能、细部表达等多重因素,形成以闭馆照明效果为主的灯光设计方案。闭馆时,指引及照明等功能性需求弱化,通过控制光线方向、亮度等因素,再配合室内设计的方案,达到内透的效果。建筑南立面面向雕塑公园,成为夜晚向公众展示的最佳立面。

"细胞墙"使用的材料较为通透,如果用投射灯作为补充,那么透射远大于反射,在室内会产生线条阴影,直接影响馆内环境效果。最终"细胞墙"整体采用 LED 下照式,在"细胞分裂"处,有机点缀 LED 点光源,加强夜晚时细胞结构的效果。节假日期间增加 3D 灯光秀,LED 灯覆盖整个可见光范围,色性好,色彩纯度高,光照设计色彩斑斓,为博物馆增添了神秘感,应和了生命起源的主题。

中心景观引入岛状植物组群"原始森林",由野生的植栽形成一定的起伏形态,从整体上看景观的落差,硬地铺装、绿化铺装、岩体墙、水面非常丰富。夜间,灯光照亮起伏的地形,形成灯光反射体,保证道路及周边绿化的照明要求。

周边树丛的乔木群的灯光设计,通过不同色彩、亮度、照度的灯光配合来体现树群的高低、远近的落差。

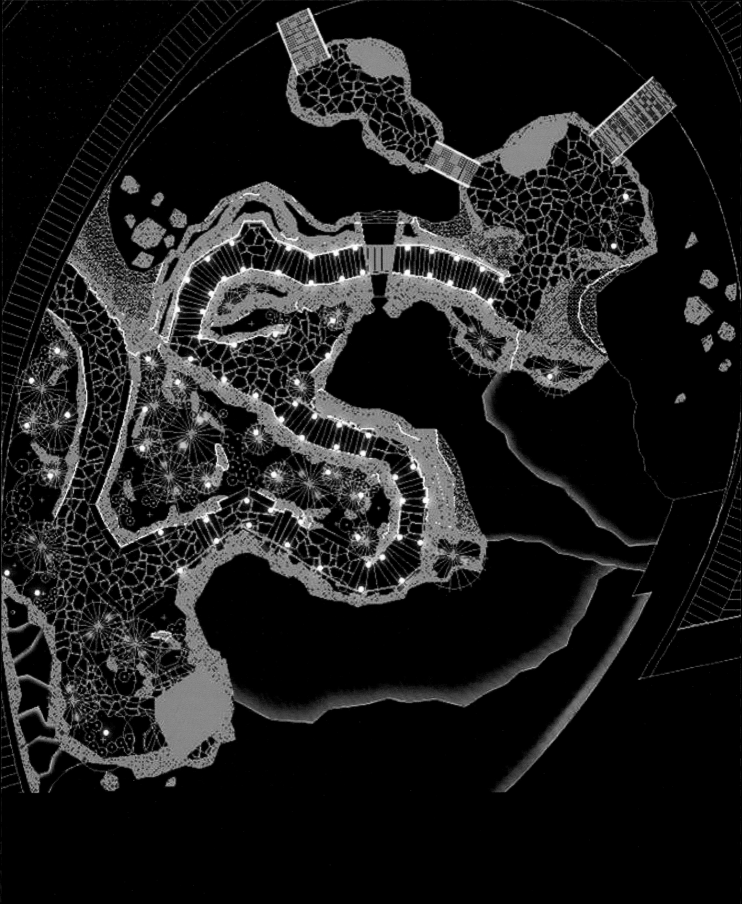

庭院灯光设计图

庭院夜景效果

庭院照明体系

● LED 水下灯

● LED 投光灯

● 投光灯

○ 景观灯

水池泛光照明

室内照明体系

　　室内环境照明结合建筑物的使用要求、建筑空间尺度及结构形式等，对光的分布、明暗、室内色彩和质量作出统一的规划，通过灯具布置，在满足使用功能的基础上，达到预期的艺术效果，并形成舒适宜人的光环境。

　　自然博物馆公共区域的照明结合空间形态，以均布照明为主，力求为游客营造自然、舒适而又柔和的照明环境。

　　展厅部分的照明，结合建筑空间结构、展陈主题、形式及类型，从初始概念设计到深化设计，再到最后的现场安装、调试和整改，花费了三年多的时间。设计对照明方式、出光角度、灯光的照射位置以及与游览路线的相互关系进行了详细的分析，完美解决了自然光、标本保存、大型标本和模型展示照明，以及明暗展区空间照明过渡等问题。

公共空间照度模拟
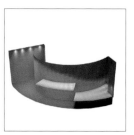

中庭"满天星"灯光效果
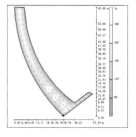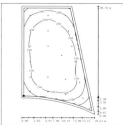

入口门厅照明

路易·康曾经说过，光是有情感的，它产生可与人合一的领域，将人与永恒联系在一起。它可以创造一种形，这种形是用一般造型手段无法获得的。在博物馆中庭空间氛围的营造过程中，自然光扮演了重要的角色。博物馆中最常为人们津津乐道的是南立面那片弧形的仿细胞形态的玻璃幕墙，自然光穿过这道幕墙，在空间中洒下灵动的光斑，形成丰富的光影效果，并会随着时间不断变化，使得空间更具感染力，给人强烈的视觉感受。

　　中庭的照明设计以自然采光为主，人工照明为辅，通高中庭顶部天花内嵌筒灯的设计别具匠心，筒灯的布置方式较为自由，点亮时犹如漫天繁星，再一次阐释了博物馆"自然"的设计主题。

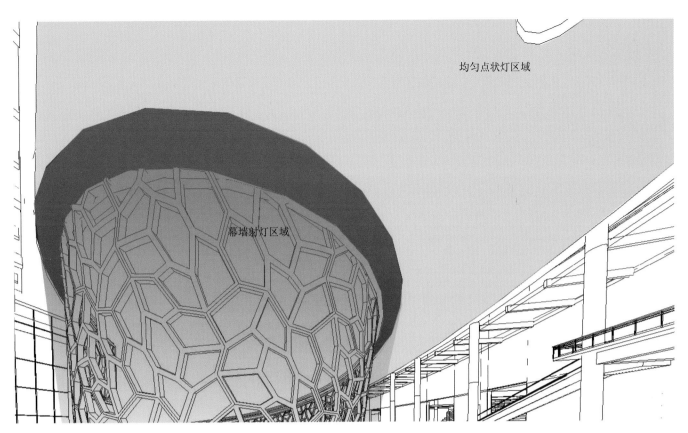

均匀点状灯区域

幕墙射灯区域

中庭两种照明灯光分布区域图

中庭照明实景

自然通风体系

上海地处夏热冬冷地区，平均每年约有五到六个月的时间为过渡季节。建筑室内存在各种散热源，一般建筑内部温度大都高于室外空气温度，过渡季节的自然通风具有消除建筑室内余热的作用，夏季夜间通风可以有效地冷却建筑物，减少制冷机组的开机能耗。上海自然博物馆利用自然通风这项经典建筑节能技术，与地域气候、建筑形态密切结合，有效节约能源消耗，改善建筑内部的空气质量。

根据上海的气候条件及上海自然博物馆建筑形态特征、内部负荷条件，利用计算机数值流体力学模拟技术（Computer Fluid Dynamics）对建筑的自然通风利用潜力及节能效果进行分析研究。主要内容为：风压作用下，模拟计算主要公共空间（门厅、餐厅、休息厅、报告厅）春、秋季自然通风，并分析室内气流分布，进而对室外可开启窗、透明玻璃幕墙可开启扇的位置及面积进行优化，以达到良好的室内通风效果。

外部边界条件

自然通风效果一般受到当地的风场条件的直接影响。据近 10 年的资料统计，上海市 10 米高空全年年均风速每秒 3.2 米。

上海属于北亚热带季风气候，春、夏季盛行东南风（东南风和东风居多），冬季盛行偏北风（西北风和北风居多），秋季盛行偏东风（东到东北风居多）。本模拟过程中，设定春、夏季主导风为东南风，秋季主导风为东风，冬季主导风为西北风；不同建筑高度的风速剖面符合简单的幂指数分布规律，即：

$$\bar{u}(z) = \bar{u}(z_1)(\frac{z}{z_1})^a$$

其中，$\bar{u}(z_1)$ 是 z_1 高度上的平均风速；α 是依赖于地面粗糙度和大气稳定度的参数；本计算取 α 为 0.40。

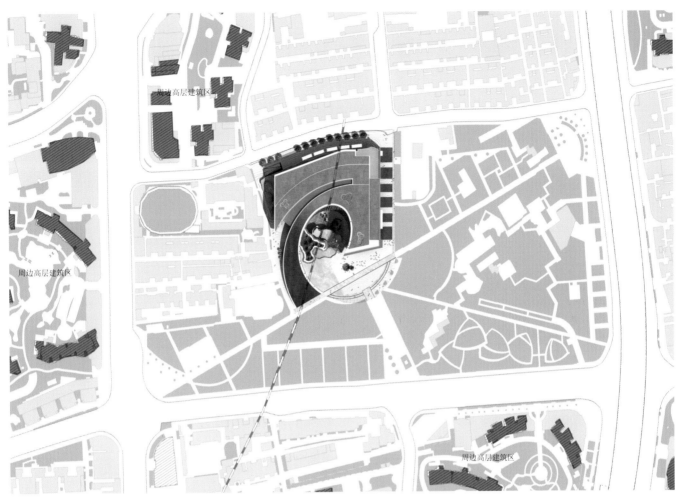

外场模拟计算区域的建筑物分布状况图

夏热冬冷地区过渡季节建筑室内温度与室外温度对比图

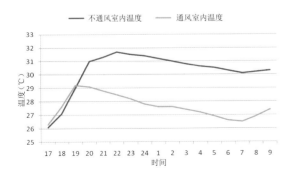

某建筑利用夜间通风效果的案例（室内平均温度的变化）

季节	春季	夏季	秋季	冬季	全年
主导风向	东南	东南	东	西北	东南
风速（m/s）	3.2	3.2	3.5	3.1	3.2

上海市典型气象年气象参数

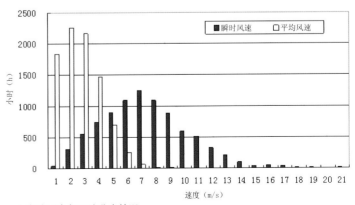

上海地区全年风速分布情况

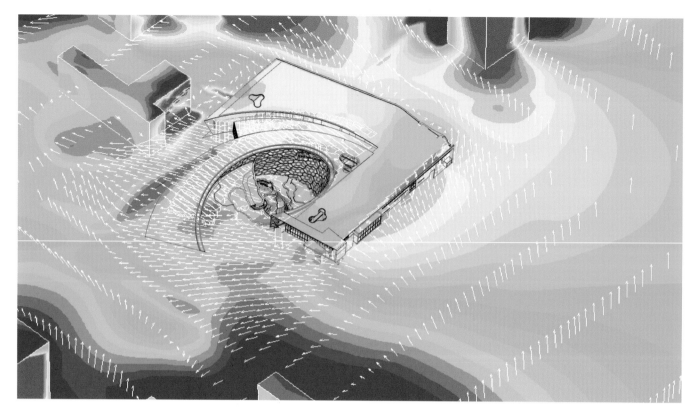

春季工况下建筑物表面风压示意图

秋季工况下建筑物表面风压示意图

-5.000   -3.000   -1.000   1.000   3.000   5.000

deg.

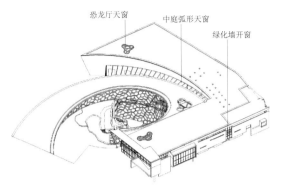

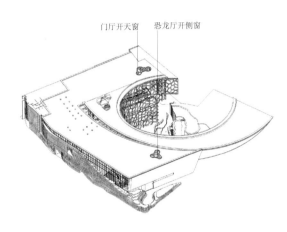

立面及屋面的开窗位置

自然通风的计算机数值流体力学模拟技术（CFD）模拟分析

建筑外场模拟及建筑自然通风开口方案的确定

建筑自然通风的原理主要是利用风压、热压驱动。上海自然博物馆高度不足，主要考虑风压通风。利用风压作为通风驱动力，主要分析建筑外表面风压的分布特征，优化建筑开口设计方案。在不同的外部风速边界条件下，建筑表面的风压分布不同，因此，设计根据典型气象年过渡季节外界风速、风向条件，分别对春、秋季建筑的外场进行了数值模拟。

根据自然通风设计原理，建筑的自然通风进风口应位于建筑表面的正压区，排风口应位于建筑表面的负压区。由于建筑表面的风压分布因不同季节风向的变化而相异，因此建筑表面的通风开口设计方案亦不同。结合建筑设计要求，提出了春季工况及秋季工况建筑通风开口设计方案。

典型工况下建筑的自然通风模拟分析

1. 春季典型工况下建筑的自然通风模拟分析

上海春季典型工况为东南风，平均风速为每秒 3.2 米。

在春季典型工况下，建筑室内地下空间风速高于每秒 0.2 米，建筑地下区域的通风效果较佳。地下公共展厅空间，正对"细胞墙"，通过分析，可知在"细胞墙"上开口能够有效进风，满足内部通风舒适度的要求。建筑地上空间风速基本高于每秒 0.2 米，通风效果较佳。

一层门厅经过通风模拟，绝大多数空间风速在每秒 0.2 米，气流从东侧外窗和南侧外门流入，带动气流流动，从顶部天窗流出，在热压及风压联合作用下，最大限度地满足人员密集大厅的通风舒适度要求。三层内部员工办公区域，东侧外墙设置可开外窗，东立面各进风口能够形成有效进风，室内办公通风良好。

2. 秋季典型工况下建筑的自然通风模拟分析

上海秋季典型工况为东风，平均风速为每秒 3.5 米。

通过分析，大厅空间风速基本高于每秒 0.2 米，自然通风效果较佳。东立面各进风口能形成有效进风，屋顶天窗及弧形天窗形成有效出风。

可见，在秋季典型工况下，天窗及天沟能够形成有效的排风，与东立面进风口配合能够形成合理的自然通风环路。

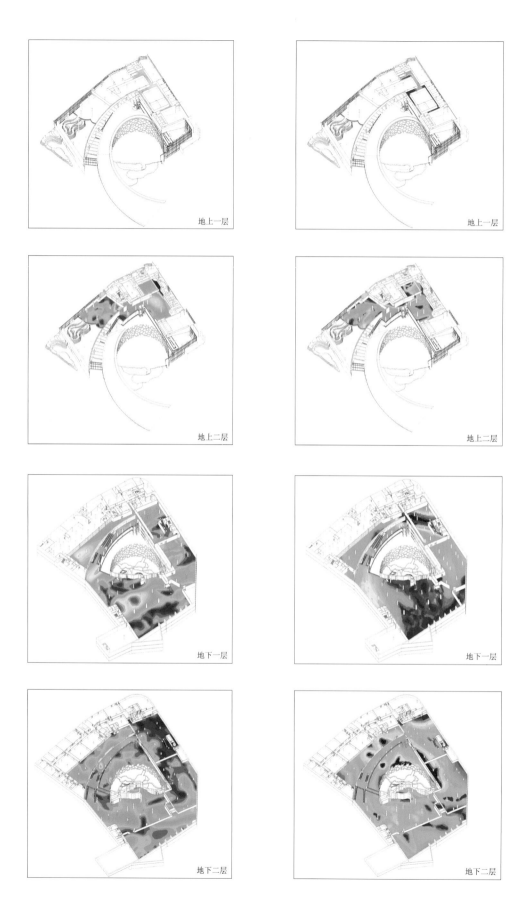

地上一层

地上一层

地上二层

地上二层

地下一层

地下一层

地下二层

地下二层

春季工况下，建筑不同高度处水平面风速分布　　　　　　秋季工况下，建筑不同高度处水平面风速分布

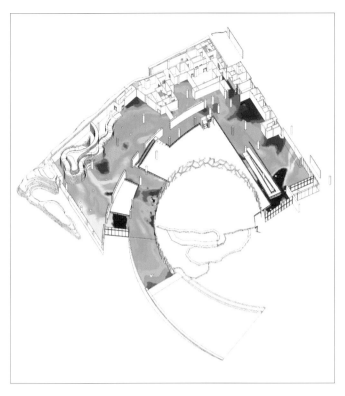

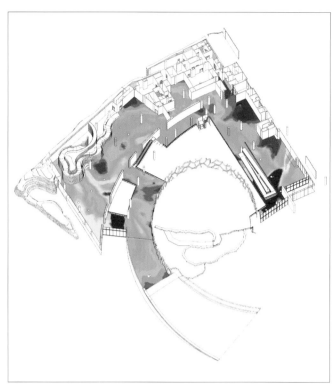

模拟过程中，春季工况下一层水平面风速分布　　　　　　　　实际运营中，春季工况下一层水平面风速分布

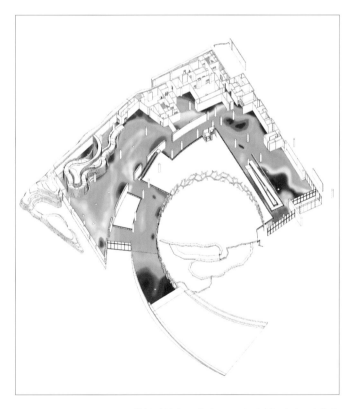

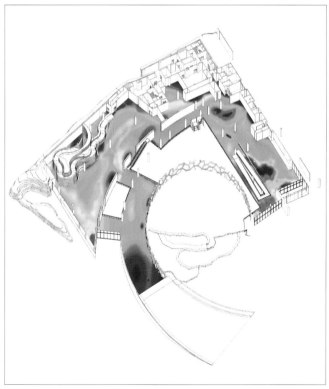

模拟过程中，秋季工况下一层水平面风速分布　　　　　　　　实际运营中，秋季工况下一层水平面风速分布

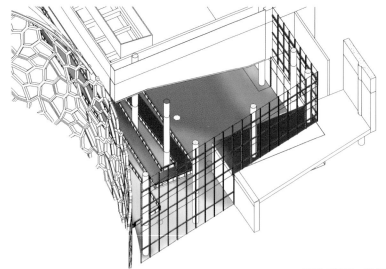

不利工况下，室外温度22℃时门厅温度分布

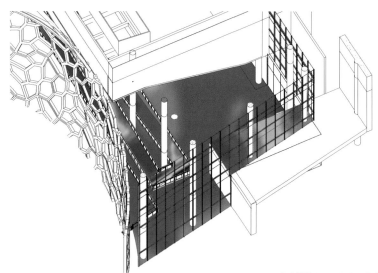

机械通风工况下，室外温度22℃时门厅温度分布

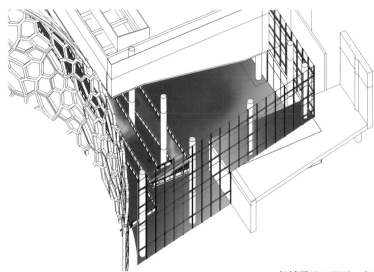

机械通风工况下，室外温度24℃时门厅温度分布

不利工况下建筑的自然通风模拟分析

为了更加全面地探讨自然通风在自然博物馆中的适用性，除了典型工况外，设计还对不利工况下自然通风与机械通风相结合（混合通风利用策略）的适用性进行了分析。

为改善和强化在不利工况下自然通风的利用条件，采用机械通风冷却降温的方案。结合建筑设计要求，选定屋顶采用轴流风机辅助通风的方案，选定轴流风机的风量为每台 5 000 CMH，共 14 台。

由于风机布置位置较为靠近弧形天窗，为了避免气流短路，天窗及天沟应处于关闭状态，此时主要靠风机的抽吸作用进行通风，外界风速边界条件设置为全年不利工况边界条件（东南风，风速为 1 m/s）。

室外温度 20℃时，机械通风工况下，建筑内部大部分区域温度为 21 ~ 24℃，满足建筑的热舒适性要求，表明适宜使用混合通风。

在不利工况下，外部温度 22℃时，截取建筑门厅进行舒适性分析，建筑内部大部分区域温度高于 27℃；增加机械通风后，建筑内部大部分区域温度为 23 ~ 27℃，满足建筑热舒适性的要求，适宜混合通风。

机械通风工况下，室外温度为 24℃时，建筑内部大部分区域温度为 25 ~ 27℃，满足建筑热舒适性的要求，适宜混合通风。室外温度高于 24℃时，建筑内部温度过高，建筑热舒适性不能够满足要求，因此，混合通风适用于室外温度不高于 24℃的情况。

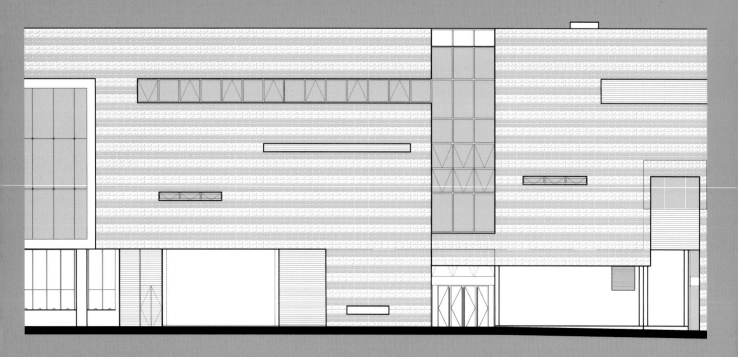

绿化墙立面设计

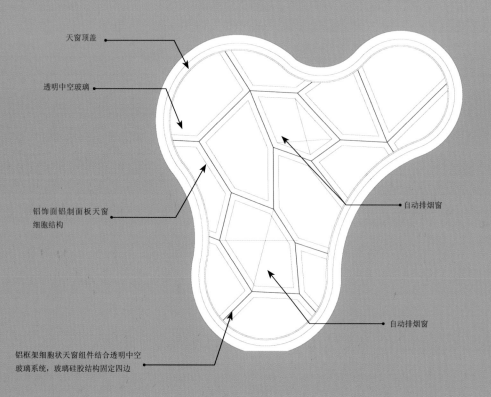

天窗顶盖

透明中空玻璃

铝饰面铝制面板天窗
细胞结构

自动排烟窗

自动排烟窗

铝框架细胞状天窗组件结合透明中空
玻璃系统,玻璃硅胶结构固定四边

细胞形天窗节点

绿化墙建成效果

兼顾通风和采光的细胞形天窗

通过数值模拟的方法，有效增加建筑外窗、透明幕墙的开启面积，优化公共空间自然通风效果。通过分析及优化开启面积，在不同季节应结合周围的建筑条件，采用不同的通风口开启策略：春季工况下，主要采用东西立面及"细胞墙"通风口开启进风，顶部天窗及恐龙厅上部通风口开启排风的策略；秋季工况下，则主要采用东部迎风面及西立面通风口开启进风，顶部天窗及弧形天窗开启排风的策略。

为改善和强化不利工况下的自然通风的利用条件，对机械通风冷却方案做了研究：机械通风工况下，当室外温度为24℃时，建筑内部大部分区域温度为25～27℃，满足建筑热舒适性的要求，适宜混合通风。室外温度高于24℃时，建筑内部温度则过高，不能满足人体热舒适性的要求。因此，混合通风适用于室外温度不高于24℃的情况。

在系统运行调试过程中，可以参照模拟结果来控制空调系统的启停，同时，对室内温度进行监测，不断调整和修正模拟结果，得出空调启停的最佳控制策略，有效节省系统的运行能耗，同时保证室内人员的舒适。

绿化体系

　　上海自然博物馆采用生态绿化屋面和绿化隔热外墙的组合绿化方式。在传统的设计中，绿化设计只是作为建筑设计的点缀和装饰，常常辅助建筑设计。而自然博物馆的绿化设计方案，经过多方的技术研究和工作协调，真正让绿化融入建筑设计，成为建筑不可或缺的组成部分。

生态绿化屋面鸟瞰

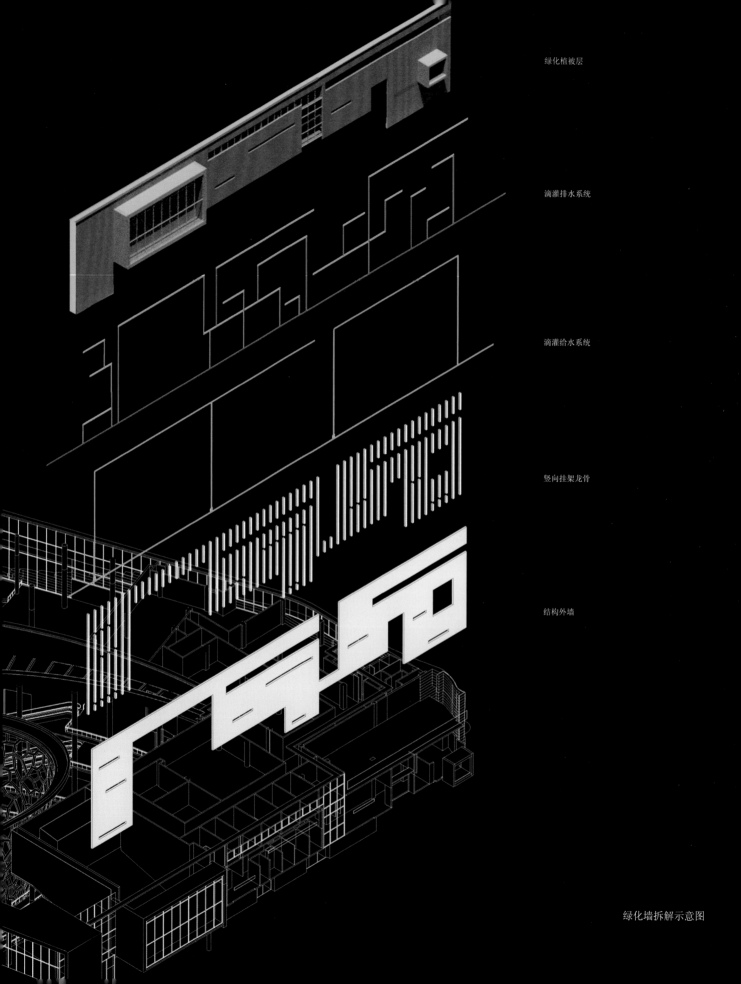

绿化植被层

滴灌排水系统

滴灌给水系统

竖向挂架龙骨

结构外墙

绿化墙拆解示意图

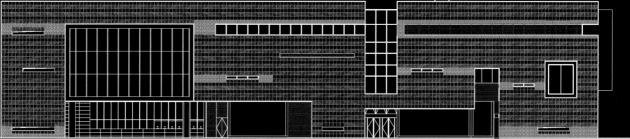

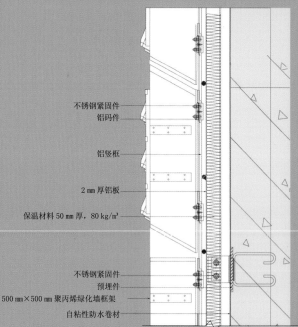

不锈钢紧固件
铝码件

铝竖框

2 mm 厚铝板

保温材料 50 mm 厚，80 kg/m³

不锈钢紧固件
预埋件
500 mm×500 mm 聚丙烯绿化墙框架
自粘性防水卷材

绿化墙节点

支撑框架

竖向钢管按照立面设计要求布置，间距 1 200 毫米。两根竖向钢管之间加设一根隐形钢管，种植盒体安装完成后隐藏在植物后。竖向钢管间设置横向支架，种植盒体搁置在横向支架上，利用自身重量稳定地固定在钢结构上。

植物选择

植物配置选用耐寒、耐旱常绿小灌木。深色植物如瓜子黄杨，浅色植物如绿叶金森女贞。深浅色植物形成微妙的色彩变化。

种植介质

考虑到钢结构支撑框架的承载能力，在种植介质的选择上，排除密度较大、蓄水能力差、易疏松脱落的普通土壤，选用轻质专用介质土。

灌溉系统

日常使用中，绿化墙面采用先进的滴灌装置进行灌溉。每个种植盒体背部开设一个方形孔洞，滴灌系统的滴箭由此插入。滴灌技术通过干管、支管和毛管上的滴头，在低压下缓慢地滴水，直接向土壤供应已过滤的水分和肥料等。

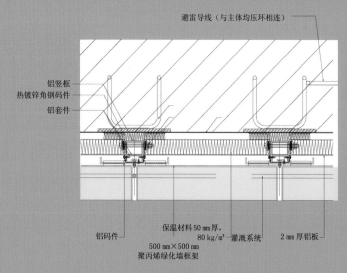

避雷导线（与主体均压环相连）

铝竖框
热镀锌角钢码件
铝套件

铝码件
保温材料 50 mm 厚，
80 kg/m³—灌溉系统
500 mm×500 mm
聚丙烯绿化墙框架
2 mm 厚铝板

绿化墙节点

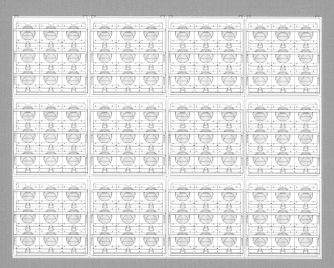

绿化墙模块示意图

绿化墙

绿化墙施工过程

生态绿化屋面

　　屋顶绿化有助于营造观景平台的局部环境，增大人员活动区域。同时，屋顶绿化可改善局部地区小气候环境，缓解城市热岛效应；保护建筑防水层，延长其使用寿命；降低空气中的尘埃；减少降雨时屋顶形成的径流，保持水分；充分利用空间，节省土地；提高屋顶的保湿性能，节约资源；降低噪声等。

　　基于绿化、功能和造型需求，建筑屋面设计结合"生命起源"的主题，由地面螺旋上升，绿化从公园延续至建筑本体，自然过渡衔接。屋顶绿化总面积 5 966 平方米，屋顶设置多种类绿化，靠弧形边缘随机种植瓜子黄杨、金森女贞、银姬小蜡等植物，形成不规则的肌理，其他部位铺满草地，覆盖屋面约 80%。

　　在尊重建筑师要求色彩统一及业主要求植物多样性的前提下，屋顶绿化以种植抗旱、耐修剪的常绿低矮灌木为主，采用混合种植方式，带来局部变化的效果，人工修剪成整齐、优美的图案。

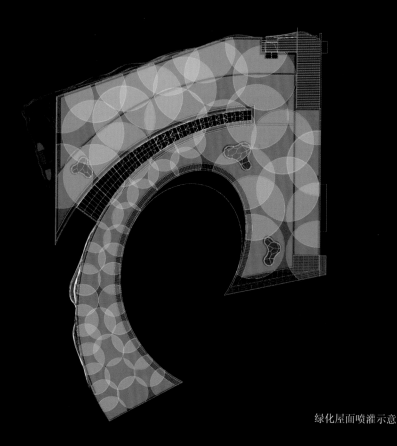

绿化屋面喷灌示意

绿化植被

绿化种植土

过滤布层

蓄排水盘

保湿保护毯

隔根膜

绿化屋面拆解

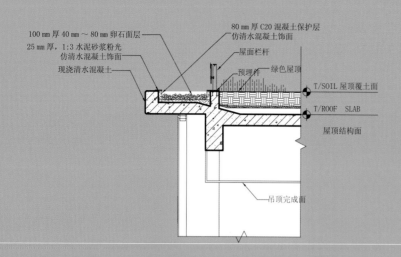

100 mm 厚 40 mm ～ 80 mm 卵石面层
25 mm 厚，1:3 水泥砂浆粉光
仿清水混凝土饰面
现浇清水混凝土

80 mm 厚 C20 混凝土保护层
仿清水混凝土饰面
屋面栏杆
预埋杆
绿色屋顶
T/SOIL 屋顶覆土面
T/ROOF SLAB
屋顶结构面

吊顶完成面

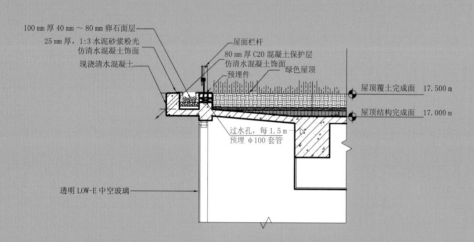

100 mm 厚 40 mm ～ 80 mm 卵石面层
25 mm 厚，1:3 水泥砂浆粉光
仿清水混凝土饰面
现浇清水混凝土
屋面栏杆
80 mm 厚 C20 混凝土保护层
仿清水混凝土饰面
预埋件
绿色屋顶

屋顶覆土完成面　17.500 m
屋顶结构完成面　17.000 m

过水孔，每 1.5 m
预埋 φ100 套管

透明 LOW-E 中空玻璃

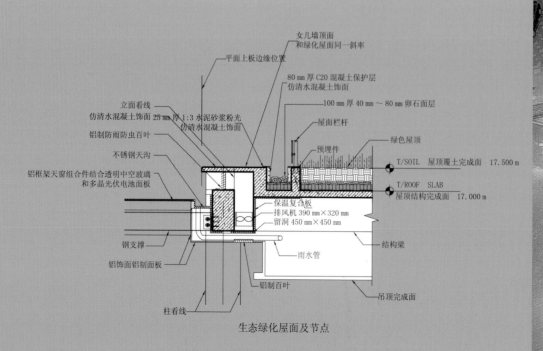

女儿墙顶面
和绿化屋面同一斜率
平面上板边缘位置

80 mm 厚 C20 混凝土保护层
仿清水混凝土饰面
100 mm 厚 40 mm ～ 80 mm 卵石面层

立面看线
仿清水混凝土饰面 25 mm 厚，1:3 水泥砂浆粉光
仿清水混凝土饰面
铝制防雨防虫百叶
不锈钢天沟
铝框架天窗组合件结合透明中空玻璃
和多晶光伏电池面板
钢支撑
铝饰面铝制面板

屋面栏杆
预埋件
绿色屋顶
T/SOIL 屋顶覆土完成面　17.500 m
T/ROOF SLAB
屋顶结构完成面　17.000 m

保温复合板
排风机 390 mm×320 mm
留洞 450 mm×450 mm
结构梁
雨水管

铝制百叶
柱看线
吊顶完成面

生态绿化屋面及节点

庭院设计

设计立意

　　"绿螺"的建筑形态是上海自然博物馆空间构成的基本依据，各功能空间环绕螺旋上升的建筑体量分布，围合出纵向垂直的中庭景观空间；室内五层通高的大厅紧贴中庭外围，参观者在大厅中可以一览中庭全貌。这种纵向、向心的空间特质使中庭空间起到了采光和视线引导的作用，也使之成为贯穿整个建筑参观流线的中心焦点。

　　中庭的景观设计采用了自然的基本元素，从中提炼出景观和建筑材料语汇，将传统中国画中卷轴式展开的模式立体化，结合纵向的空间走势，各景观元素错落布置、有序组织，使建筑的外观形式和景观配置与自然博物馆的展览主题和特色呼应，在顺应博物馆教育职能的同时，形成城市中结合展览、教育、社交和自然体验的新型公共活动场所。

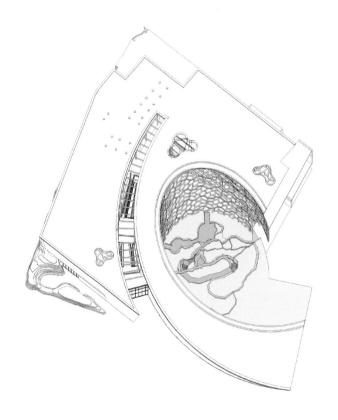

庭院轴测图

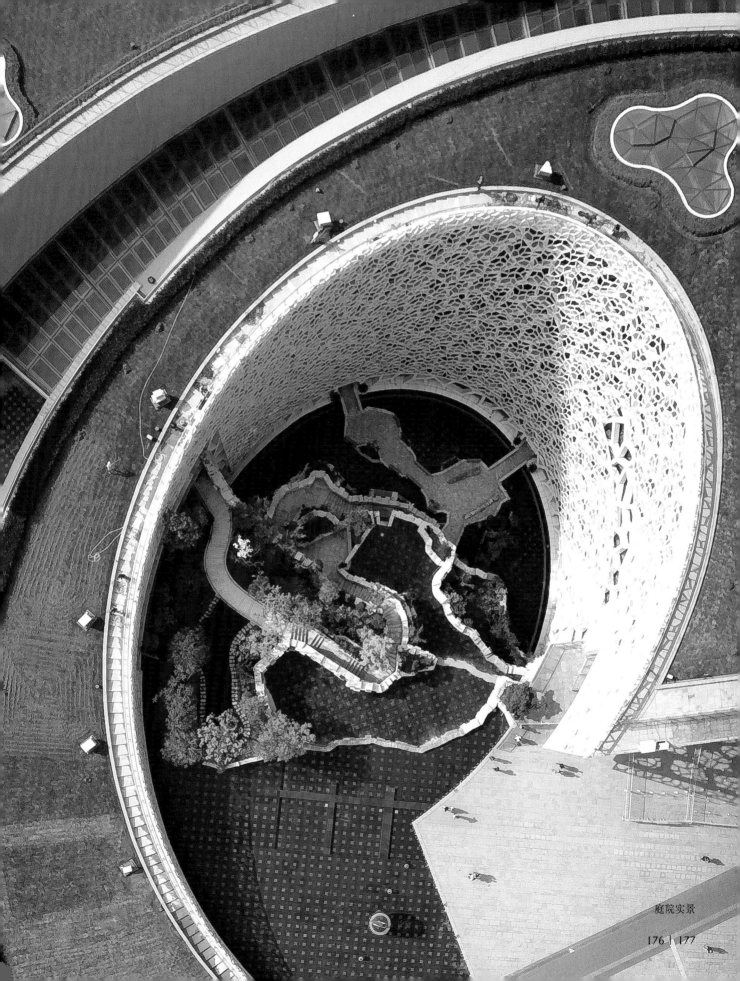

庭院实景

原始森林——植被

探索之路——路径

大地演化——墙体

生命之源——水体

景观轴测分解

景观层次

上海自然博物馆的景观空间设计分为四个层次。

首先是"原始森林"，引入岛状植物组群，散步在顺势跌落的岩石台地上。这种起伏的地形不仅服务于休息区和社交空间，同时也是自然博物馆学习体验的一部分。夜晚的灯光照射在起伏的地形上形成丰富的层次，宛若星空下的梦幻岛，为参观者提供了难得一见的景观。

其次是"探索之路"，一条蜿蜒曲折的路径，顺应地形的变化呈"之"字形生长，提供了一条景色不断变化的探索途径。沿着路径的行进方向，植被、水、石材界面交替变化，逐渐形成一段完整的微缩世界探索之旅。

再者是"大地演化"，层层台地垂直面上的岩石构造，再现出地球的地质构造。这一表面作为整个中庭景观的"原始背景"，将博物馆置于大地的平台之上，在空间和寓意上呼应自然演进的主题。

最后是"生命之源"，建筑螺旋形态包裹下的椭圆形水池，象征着地球 71% 的地表水体。水体顺着台地而下，从入口广场的开阔明亮到中庭底部的沉静安详，其波纹、质感、声音和反射在流淌与汇聚的动静交叠中折射出生命轮回的本质。

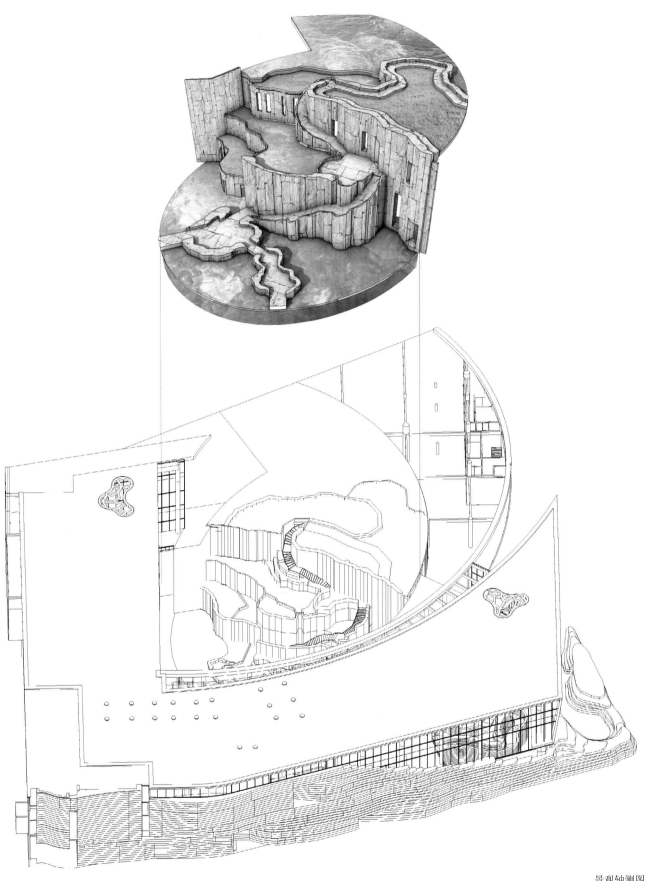

景观轴测图

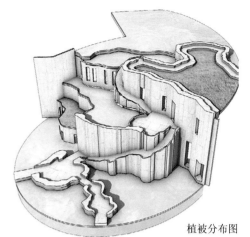

植被分布图

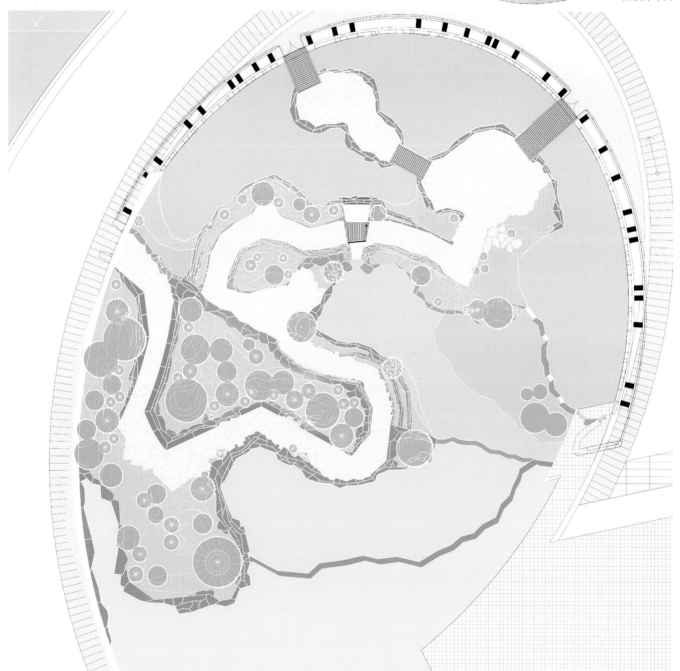

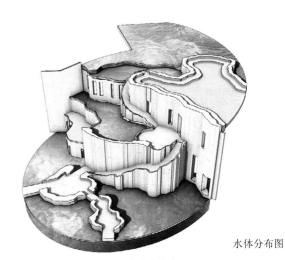

水体分布图

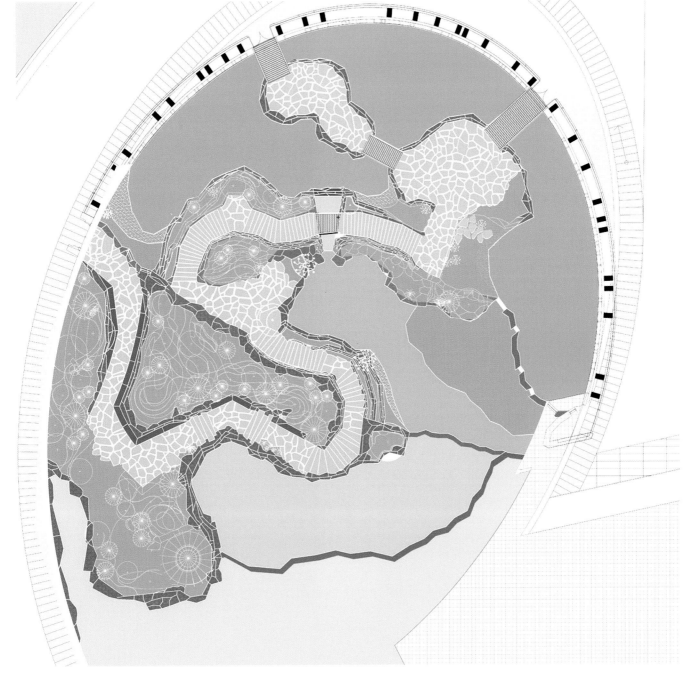

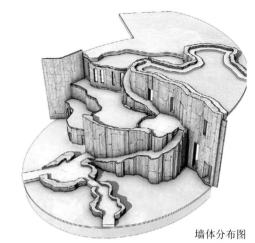

墙体分布图

6 m 以上
5 m～6 m
3 m～5 m
3 m 以上

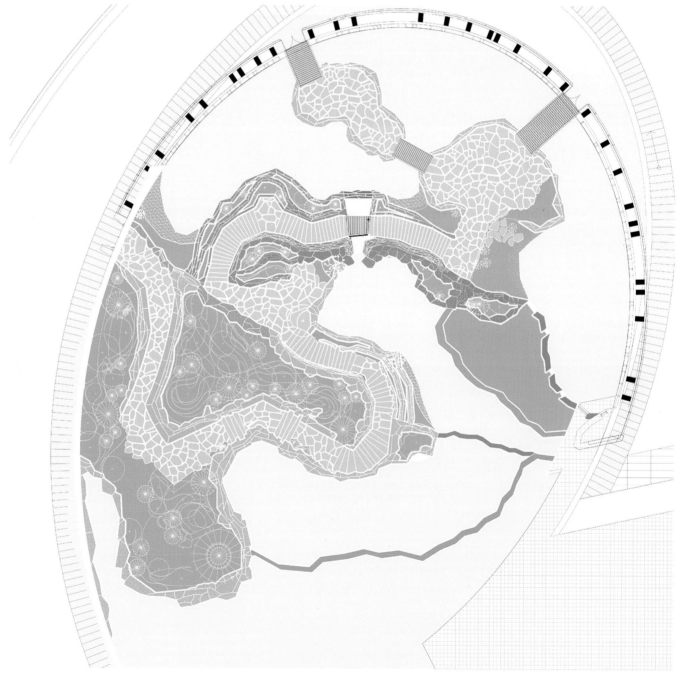

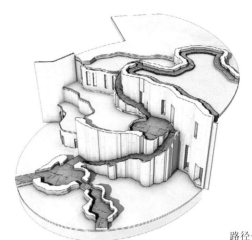

路径分布图

庭院实景

室内设计

上海自然博物馆的公共空间是连接建筑和展厅的过渡空间，它包括入口空间、中庭共享空间、室内交通空间、公共服务空间和其他公共应用空间，起到衔接接引、驻留等候、疏导人流等作用。

自然博物馆的室内设计通过反复筛选装修材料、仔细研究各个界面、精心选择陈设，以及合理布置自然光和人工照明，最终在满足建筑内部使用功能的基础上，呈现出高品质的室内空间。

公共空间在色彩选择上以素净的灰、白为主，自然的木色点缀其中，简洁大方。墙面主要以清水混凝土、天然竹木面板为主；天花采用石膏板，乳胶漆饰面；地面则大量使用色泽淡雅的石材铺设。室内光环境的设计以整体照明为主，铺以局部照明和重点照明。观赏绿植以点状和岛状的形式布置其中，创造出丰富的视觉效果。

入口空间

南侧入口空间

入口空间的三层高透明落地玻璃幕墙，将自然光和外部景观引入室内，使室内外融为一体。该空间使用了多种材料：门斗部分的墙面和顶面采用混凝土饰面板装饰；剧院体量下部的天花采用暖色的天然竹木面板装饰；前台后面的背景墙采用蓝色石材饰面；地面大面积铺设浅色花岗石；柱子则用灰色涂料装饰。

值得一提的是，博物馆中陈设的选择和设计也延续了公共空间室内设计的整体基调，如前台、服务台、售票处、游览指示牌等都使用了竹木面板装饰，加上观赏绿植点缀其中，整个空间丰富却不失大方，活泼又不失雅致。

南侧入口空间

南侧入口空间

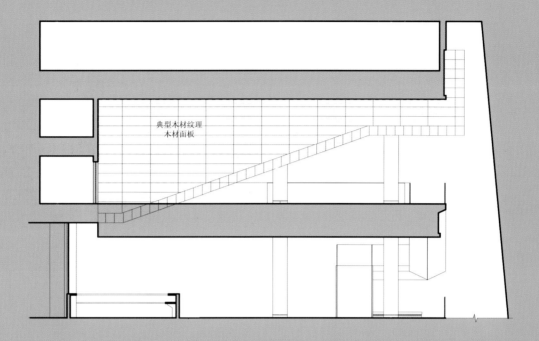

典型木材纹理
木材面板

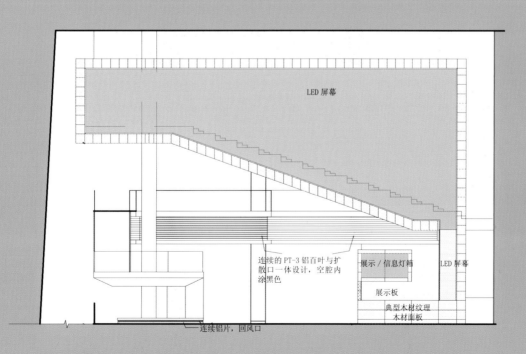

LED 屏幕

连续的 PT-3 铝百叶与扩散口一体设计，空腔内涂黑色

展示 / 信息灯箱

LED 屏幕

展示板

典型木材纹理
木材面板

连续铝片，回风口

南侧入口空间剖面图

中庭共享空间

　　中庭共享空间的地面铺设了光滑的花岗岩石材，配以白色天花板吊顶和清水混凝土墙面，室内环境更显淡雅清新。空间东侧的部分墙面和天花板饰以暖色的天然竹木面板，散发着柔和高雅的色泽，为素净的中庭空间抹上一缕亮色，形成对比，丰富了人们的空间感受。

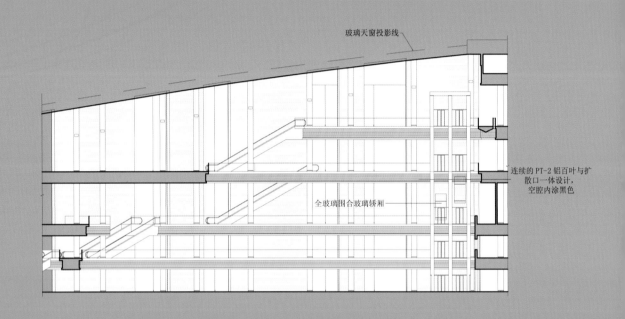

玻璃天窗投影线

连续的 PT-2 铝百叶与扩
散口一体设计，
空腔内涂黑色

全玻璃围合玻璃轿厢

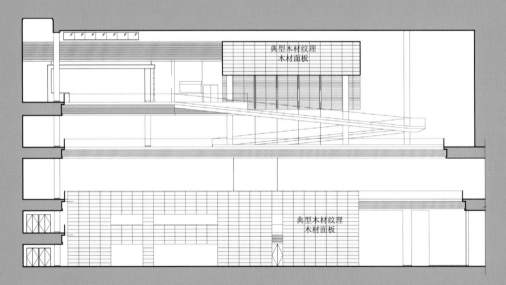

典型木材纹理
木材面板

典型木材纹理
木材面板

室内共享空间立面图

中庭共享空间

室内交通空间

博物馆主要交通空间顶部天窗将自然光引入室内，在弧形墙面和地面上形成富有韵律的光影效果，不仅很好地表达了建筑空间结构，也形成了室内空间的导向，和清水混凝土墙面一起定义了交通空间的"空间性格"。其余交通空间的顶部天花板设置了内嵌筒灯，但不同于中庭较为随机的筒灯布置方式，交通空间上方的筒灯呈线性布置，这进一步强化了空间的导向。

室内交通空间光影效果

室内交通空间光影效果

展陈设计

上海自然博物馆的展示区以"自然·人·和谐"为主题，以"演化"为主线，从"过程""现象""机制"和"文化"入手，构建以进化为脉络，历史与未来交汇的内容体系。在"演化的乐章""生命的画卷""文明的史诗"三大主题板块下设置了"起源之谜""生命长河""演化之道""大地探珍""缤纷生命""生态万象""生存智慧""人地之缘""上海故事""未来之路"十个常设展厅及临时展厅，布展视角独特，注重自然与人文的结合，灯光与展品间的配合协调、有层次，阐述自然界中纵横交错、相辅相成的种种关系。

"演化的乐章"回溯自然界波澜壮阔、跌宕起伏的演化历程，引领公众了解宇宙和地球的由来及生命演化过程中的大事件，剖析生命演化的内在机制。"生命的画卷"带领公众走进多姿多彩的生命世界，让他们在领略自然界的神奇与美丽的同时，了解各种生物为了生存和繁衍而演化出基于各种关系的"智慧"。"文明的史诗"带领公众回溯人类文明的兴衰历程，阐释人类文明在起源、发展、兴替过程中与自然环境的依存关系，体现文化多样性与环境多样性之间的密切关系；帮助公众认识在文明发展的不同阶段人类与自然环境之间的"冲突与和谐"，感悟认识自然、尊重自然，与自然和谐相处，是人类和人类文明可持续发展的前提。

博物馆展示陈列了来自七大洲的 11 000 余件标本模型，其中珍稀物种标本近千件；近 1 500 平方米的步入式复原场景，逼真再现生机勃勃的非洲大草原；"跨越时空的聚会"大型标本阵列，汇聚古今中外 200 余件动植物"明星"；"逃出白垩纪"等 5 个沉浸式剧场，再现演化史上的大事件；"自然之窗"等 26 组复原生态景箱，致敬自然博物馆的经典展陈；400 个视觉媒体和 1 套网上博物馆系统，满足自媒体时代的公众需求；1 500 组科学绘画，直观地展现艺术与科学的结合；300 平方米的活体养殖区，零距离触摸自然；1 200 平方米的"探索中心"，构筑观察发现、动手实验、对话探讨的乐园；"自然史诗"多媒体秀，打造集科技、人文于一体的艺术盛宴。

"生命长河"展厅

"起源之谜" 展厅

起源之谜

　　"起源之谜"展厅包括"宇宙探秘"和"生命探秘"两个主题区，"宇宙探秘"主题区通过人类探索宇宙的历程，介绍人类对于宇宙起源的推测和对于未来的猜想，包括"起源之谜""星际揽胜"和"宇宙之谜"三个展项群；"生命探秘"主题区探究地球生命的起源和本质，以及人们寻找地外生命所做的努力，包括"什么是生命""生命起源之谜"和"地外生命探索"三个展项群。

　　在展区的核心位置，有一个巨大的"圆球"，这就是"宇宙之谜"展区的宇宙大爆炸剧场。剧场是一个动感球幕影院，可容纳30余名参观者，以宇宙大爆炸理论为基础，介绍从宇宙诞生到太阳系形成这一百多亿年间，宇宙中的一系列剧烈变化。

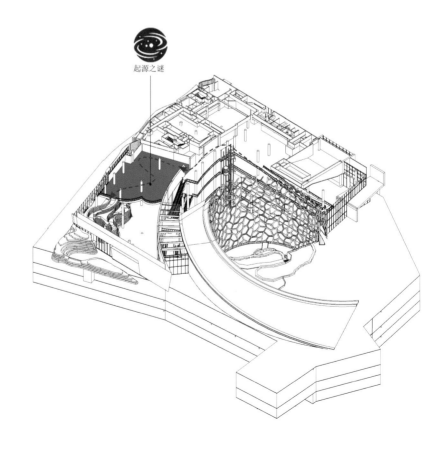

起源之谜

生命长河

　　"生命长河"展厅包括"古今生命"和"体验自然"两大内容，展示空间位于地上二层和一层。从"起源之谜"到"生命长河"，设计师别具匠心地设计了一个山体坡道，自上缓缓而下，沿着坡道分别设置了无脊椎动物和两栖爬行动物区、鸟岛、羊岛等。整个展区是一个生命的大聚会，展陈设计将众多标本和模型以"自然"的方式呈现在同一时空下，蔚为壮观。

　　坡道尽头出现了四堵"高墙"，它们围绕在一个穹顶投影的四周。穹顶投影名为"生命时钟"，循环播放地球自前寒武纪、古生代、中生代到新生代时期，不同生命的出现及地球环境的变化。四堵"高墙"则是地层标本，由于其易于风化且几乎不可能重复获得，因此采用封闭的巨大玻璃柜展示。

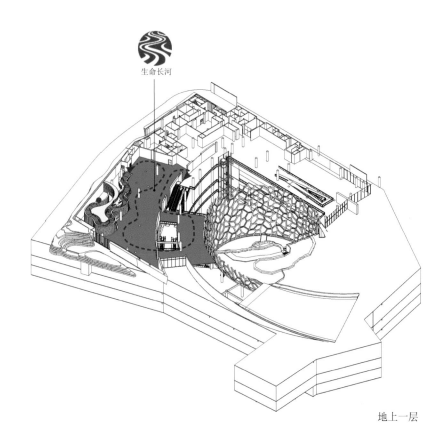

地上一层

"生命长河"展厅

"生命长河"展厅

"生命长河"展厅

未来之路

　　从天地洪荒到万物繁茂，地球上的自然环境从未停止变迁，生命世界的兴衰跌宕起伏。今天，全球人口增长已达到历史高峰，工业化与城市化进程加快了社会发展的步伐，人类对自然资源和能源的需求逼近地球极限。我们的生存与发展正面临着前所未有的挑战。拯救濒危物种，改变生产模式，发展循环经济，保护地球家园，这是人类的共识，也是"未来之路"。

演化之道

　　"演化之道"展厅主要展示生物的进化历史和生物进化的机理、规律，由"演化历程"和"达尔文中心"两个主题区组成。"演化历程"主题区主要展示生命进化史中的历次重大进化事件，包括"寒武纪大爆发""从水到陆""恐龙盛世""古兽生境""从猿到人"五个展项群。"达尔文中心"主题区主要讲述近百年里人类探索生物多样性及其进化规律所获得的重大理论、认识和规律。

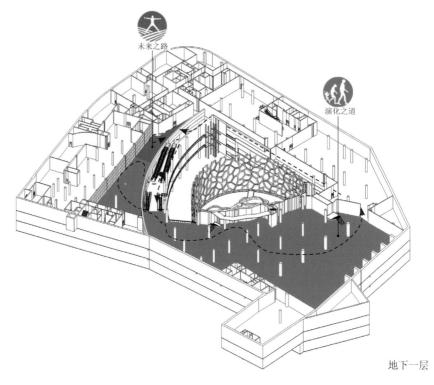

地下一层

"未来之路"展厅

"演化之道"展厅

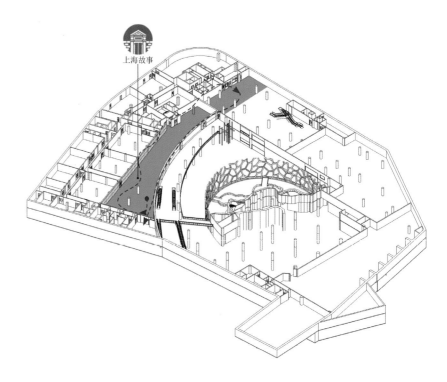

上海故事

地下二层夹层

"上海故事"展厅

"上海故事"展厅

"上海故事"展厅

生态万象

　　从酷热的赤道到冰封的两极，从寒冷的高原到漆黑的海底，无不演绎着生命的奇迹，形态万千的生物和复杂多变的自然环境，一起构成了丰富多彩的生态系统。"生态万象"展厅以不同视角解读最具代表性的生态大系统，体会生物与环境之间的唇齿相依。"自然之窗"26组复原生态景箱，采用自然博物馆的经典展陈方式，纵览多样生态，感受万象生命；穿越"极地探索"，这里是地球上最后的净土，有着特殊的生态环境和丰富的自然资源；"非洲草原"在展示非洲大草原场景时，不仅仅只是通过标本场景的陈列，同时结合新型展示技术，将标本与不断变化的背景画相结合，体现雨季与旱季非洲大草原的变化，让公众对非洲大草原的生态有更深入的了解。

缤纷生命

　　生命——地球历史上最伟大的奇迹，历经孕育、变异、繁盛和衰亡的跌宕起伏，周而复始，生生不息。有一些类群盛极一时，却走向绝灭，凝固为化石；有一些类群默默无闻，但历经沧桑，繁衍至今。无论是逝去的还是鲜活的，渺小的还是巨大的，它们都是生命长河的见证者。

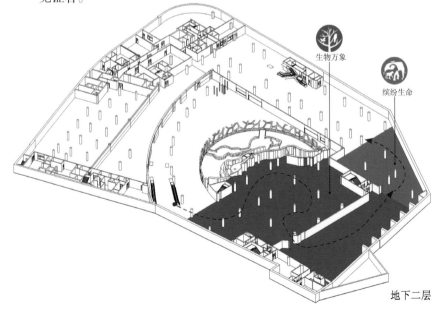

生物万象

缤纷生命

地下二层

"生态万象"展厅

"缤纷生命"展厅

"缤纷生命"展厅

"缤纷生命"展厅

人地之源

从茹毛饮血到刀耕火种，人类文明的发展历史也就是认识自然的历史。五谷飘香，牛羊成群，既是自然的馈赠，也凝结了人类的智慧。中华民族生活于生物多样性极丰富、地域环境极复杂的国度，历经数千年的传承与演变，适应了各种各样的生态环境，形成了绚丽多彩、和而不同的中华文明。

"人地之缘"试图解读在人类文明史上人类活动与自然环境之间的相互作用。"农业溯源"使参观者了解一万年前的飞跃；"中华智慧"总结出因地制宜的生活智慧和特色鲜明的地域文化。

大地探珍

矿物和岩石不仅构成了岩石圈，更忠实记录了地球几十亿年的演化与变迁。拂去岁月的尘埃，凝聚了天地精华的地质宝藏，点燃了人类文明的火把，散发着永恒的光芒。水和风无时无刻不在雕琢地球的容颜，为生命提供了多姿多彩的舞台，大自然的鬼斧神工打造了今天独一无二的美丽家园。"大地探珍"展区将诠释承载生命和人类发展的岩石、土壤、矿产、地貌的由来和属性。

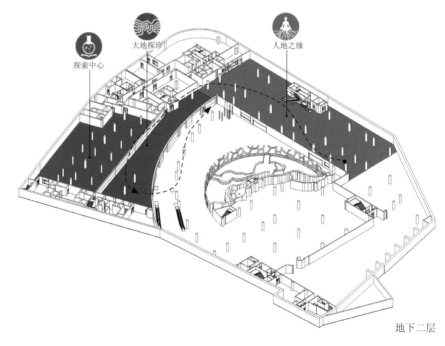

"人地之源"展厅

"大地探珍"展示

上海自然博物馆内景

第五章

技术集成与绿色运营
Technology Integration and Green Operation

老建筑保护
Historical Building Restoration

光伏发电系统
Photovoltaic Power Generation

雨水回收系统
Rainwater Harvesting System

地源热泵系统
Ground Source Heat Pumps

轨道交通与防振
Rail Transit and Vibration Control

综合能耗控制平台
Integrated Platform of Energy Consumption Control

修复前的淞浦特委旧址

老建筑保护

上海自然博物馆的落成是上海市政建设和城市发展的里程碑，它不仅提供了向市民普及科学文化知识的场所，还为日渐拥挤的城市空间创造了独特的地标景观。而在博物馆落成之前，这片基地上是一片老旧的建筑群，因年久失修和过度使用，远远跟不上城市发展的脚步。

在这片老建筑中，育麟里285号是中共淞浦特委机关旧址（简称"淞浦特委旧址"）。这座建筑建于20世纪20年代，距今已有90多年的历史。1928年至1930年，这里对外以正德小学作掩护，实质是中共淞浦特委的办公地点之一；陈云、杭果人等同志曾在此工作，留下了一段珍贵的革命记忆。该建筑具有典型的石库门里弄住宅特征，是见证上海近代建筑发展的宝贵实例，拥有重要的建筑学意义。基于淞浦特委旧址独特的历史性和艺术性特征，该建筑于1987年11月被定为上海市文物保护单位。

2009年，经过规划部门的反复论证和多方专家的讨论，对淞浦特委旧址进行整体迁移、修缮和二次开发，在保护其历史价值的同时，赋予其展览和办公的新功能，使其更好地发挥教育和服务的公共职能。

淞浦特委旧址局部

平移中的淞浦特委旧址

落架迁移

根据国家文物局及上海市文物管理委员会批准的规划方案，淞浦特委旧址建筑向原址西北方向迁移 125 米；又因房屋现有室内地坪低于室外地坪，决定将建筑抬高 50 厘米，从根本上实现对该建筑的保护。迁移到位后的建筑位于规划绿地的环抱中，北临山海关路；同时又与雕塑公园融为一体，在景观掩映下与自然博物馆遥相呼应，形成过去与现在、历史与未来的和谐关系。

1974 年   淞浦特委旧址区位图

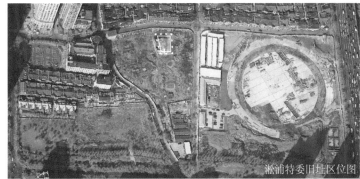

2006 年   淞浦特委旧址区位图

2015 年   淞浦特委旧址区位图

平移中的淞浦特委旧址

主入口门头的珍藏

勘察检测和平面布局调整

淞浦特委旧址是一幢砖木结构、坐北朝南、一楼一底的老式石库门里弄住宅，位于基地的中北部，建筑平面近似菱形，共两个单元。西单元单开间，为淞浦特委旧址；东单元双开间，为普通居民住宅。建筑南、北、西外墙为红砖清水墙，东外墙为青砖清水墙。外墙的主要特征反映在石库门上，其门头集中体现了中西合璧的建筑文化，是近代上海数量最多、最显著的建筑符号之一。

原建筑自 20 世纪 30 年代起一直作为居民住宅使用，内部损坏较为严重，同时还伴随乱搭建、改建的状况。建筑年代久远，因而在落架迁移前进行了结构测绘、完损勘察、沉降倾斜测量、构建耐久性检测、抗震性能分析等勘察工作。建筑在落架迁移后恢复了原有的布局，还原了正德小学时期的原貌。

迁移改造后，西侧单元按原样改造成陈列馆，用于展示淞浦特委的历史沿革和人物事迹；东侧双单元住宅被改造成展厅和办公用房，用于完善陈列馆的展示和服务功能。

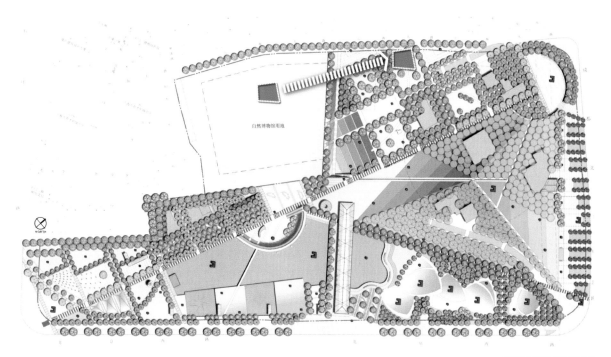

落架迁移位置示意图

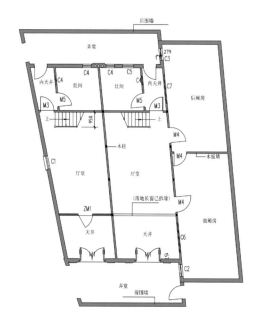

迁移修缮前一层平面

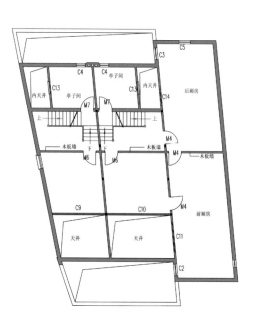

迁移修缮前二层平面

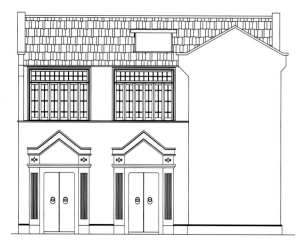

迁移修缮前南立面

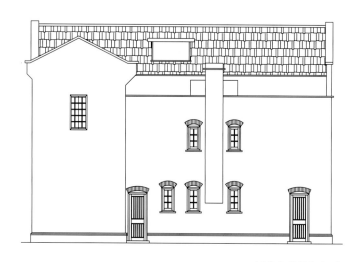

迁移修缮前北立面

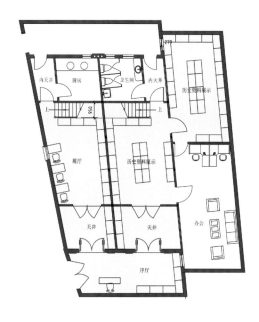

迁移修缮后一层平面

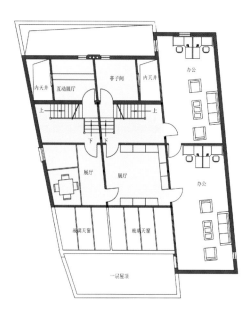

迁移修缮后二层平面

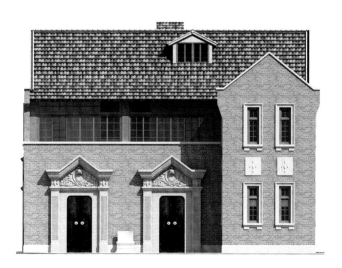

迁移修缮后南立面

迁移修缮后北立面

修复完成的淞浦特委

免费参观入口
由侧门进

修复后的主入口

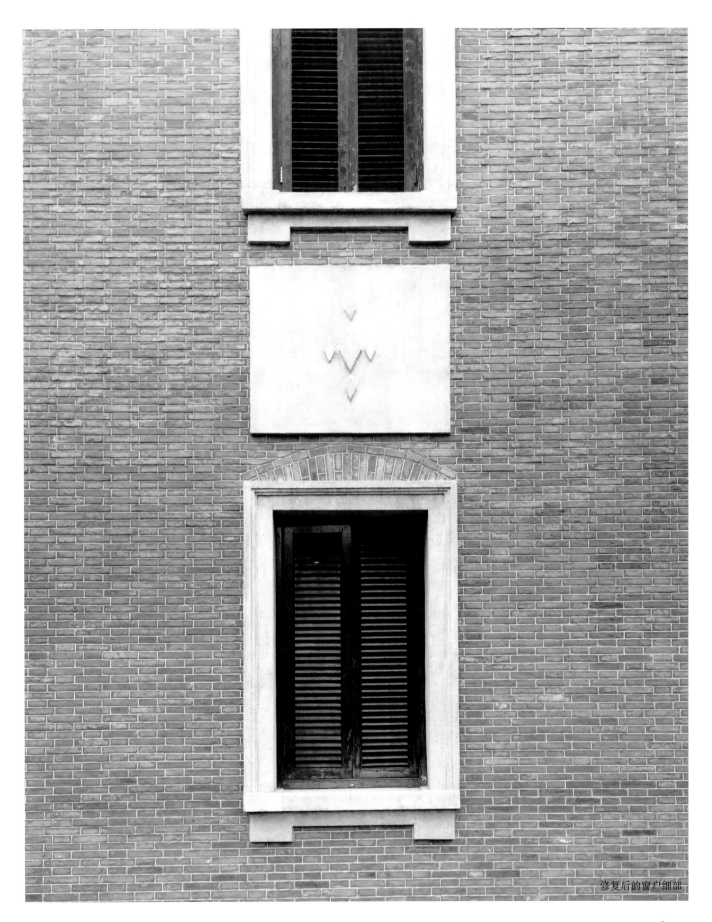

修复后的窗户细部

光伏系统

光伏发电系统

　　太阳能是一种取之不尽、用之不竭的新型能源，近年来随着技术不断发展，光伏发电成为太阳能光电转换的首选应用形式之一，各种光伏发电产品愈发成熟。目前中国已形成广阔的太阳能光伏产品消费市场。2005年9月，上海市政府公布"上海开发利用太阳能行动计划"，相关政策也相继出台，为光伏发电提供了有力支持。在社会责任和绿色生态目标的双重背景下，上海自然博物馆的设计也采用了光伏发电方案。一方面，研究高效太阳能光伏发电系统技术选用及其与博物馆建筑的外观、结构、管线和智能化体系设计的有效结合，实现太阳能利用和建筑设计一体化；另一方面，结合自然博物馆展馆布置，向公众展示太阳能光伏发电系统的部分内容，并利用建筑采光天棚设置太阳能电池板(兼作遮阳构件)，直观深入地向大众普及可再生能源在生态建筑中的应用。

技术方案

安装位置：上海自然博物馆光伏系统的安装位置考虑到整个光伏系统的朝向、透光遮挡、通风、荷载、高压安全等因素，在保证系统产能最大化的同时，还与建筑主体风格协调统一。最终选择安装在螺旋上升屋面和建筑沿街部分中间的玻璃屋面上。

光伏系统：太阳能光伏板有效面积 348 平方米；屋顶天窗采用 100 平方米左右的光伏发电板，将太阳能利用与建筑设计融为一体。光伏玻璃选用 8+0.5EVA 胶片 + 光伏板 +8 双银 75（T）+12A+8+1.52PVB+8 毫米超白中空夹胶钢化光伏玻璃。

光伏电池板选型：光伏系统安装面积较小，采用 245 块光电转化率较高的透光单晶硅 BIPV 太阳能电池板，总容量约 40 kW。

产电量测算：全年发电量 51 000 度；光电转换率 11.5%，直流 / 交流转换率 90.5%；全年二氧化碳减排量 45.5 吨。

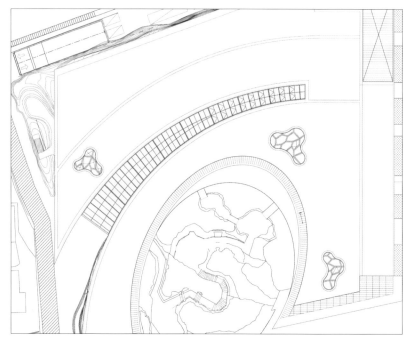

光伏系统安装位置示意图

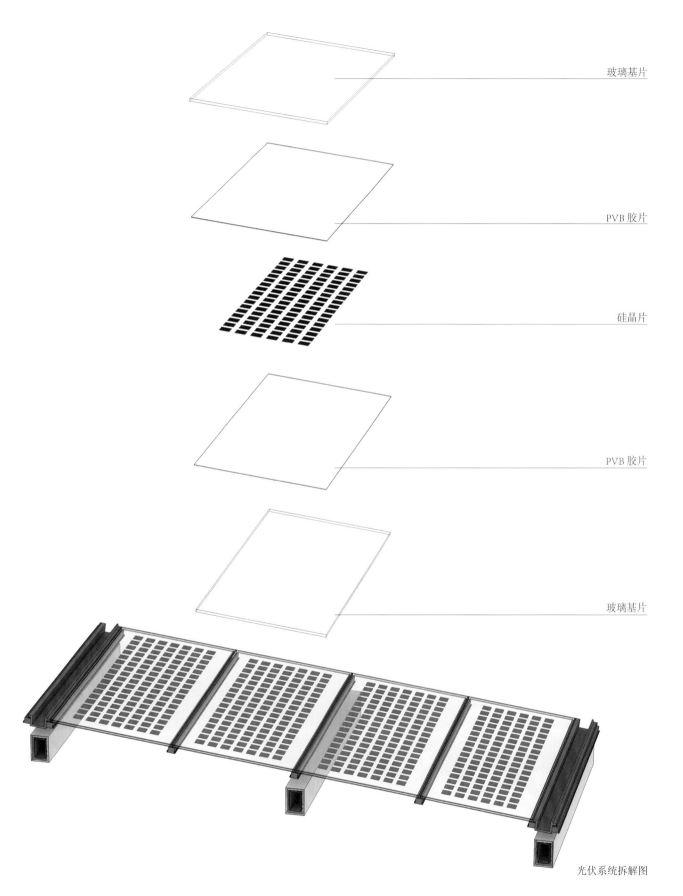

玻璃基片

PVB 胶片

硅晶片

PVB 胶片

玻璃基片

光伏系统拆解图

雨水回收系统

　　水资源短缺已成为世界性的问题，回收利用雨水成为一种既经济又实用的水资源开发方式。雨水利用是解决城市缺水和防洪问题的一项重要措施。城市雨水利用，是通过土壤入渗调控和地表（包括屋面）径流调控，实现雨水的资源化，使水文循环向着有利于城市生活的方向发展。

　　上海自然博物馆的雨水回收工程，主要收集屋面和中央水池接纳的雨水，经处理后用于屋面植被的浇灌及中央水池的补充水。

　　自然博物馆的屋面为种植屋面，雨水经植被滤层过滤，可减少水处理负荷，同时景观水体可直接作为受水体，没有初期雨水弃流量。因此，雨水水源较通常更为洁净。

　　屋面雨水排放采用虹吸式排水系统，屋面雨水经由雨水斗、管路等系统接入蓄水池，水景水面接纳的雨水经溢流装置、管路等系统接入蓄水池。

　　上海自然博物馆的雨水回收处理系统规模与工艺为：收集屋顶雨水，经屋顶绿化初期过滤后汇至场地西北角的地下蓄水池（200吨）中，经生态过滤器、加药、紫外线消毒处理后储存于清水池（66吨）。雨水处理设备设置于地下一层雨水回用机房。在清水池出水管上加设紫外线消毒装置进行消毒，景观水体另设循环处理装置。雨水回收处理系统设置水表计量，便于运营期节水效益的量化评估。

　　处理后的雨水主要用于自然博物馆的中央景观补水、室外绿化灌溉和道路浇洒。中央水体是景观亮点之一，面积约为1 600平方米，满足其用水要求后的富余雨水用于东立面垂直绿化滴灌浇灌、屋顶绿化喷灌浇灌和道路浇洒等。项目非传统水源利用比例达到20.3%。

中央蓄水池景观

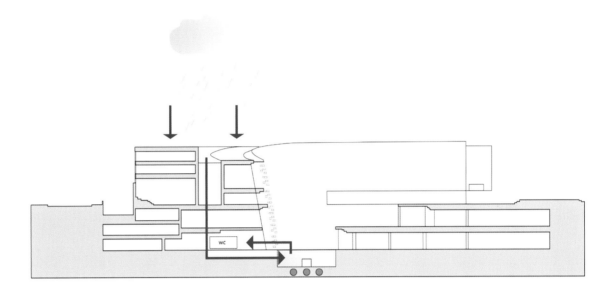

雨水回收系统图

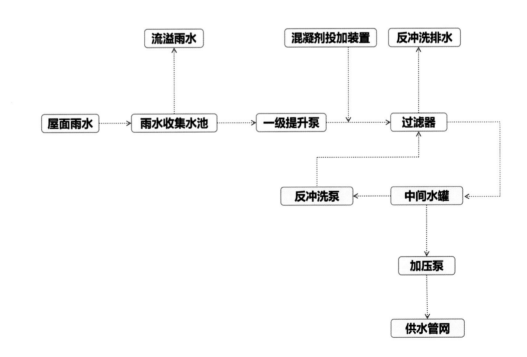

屋面雨水收集工艺流程

城市雨水利用是一种新型的多目标综合性技术，具有节水、水资源涵养与保护、控制城市水土流失和水涝、减少水污染和改善城市生态环境等综合效益。

自然博物馆设计年回用雨水量 4 250 立方米，绿化景观年需水量 5 479 立方米，年回用雨水量小于绿化景观年需水量，因此回收的雨水均被利用。设计年生活用水总量 39 296 立方米，设计非传统水源利用率 10.8%。

项目运营后经实测，全年雨水回用量为 4 357 立方米，市政补水量为 1 439 立方米。上海处于亚热带气候区，梅雨季节降雨量较多。6月和 8 月，雨水回用量大，能满足绿化景观用水量需求，未采用市政补水。2015 年生活实际总用水量 39 691 立方米，雨水回用量 4 357 立方米，实际非传统水源利用率为 11.0%。

2015 年每月雨水回用量统计

水泵机房内景

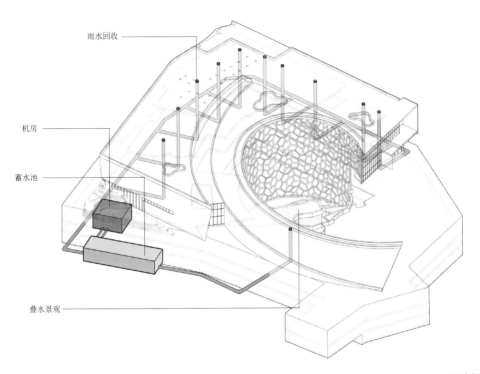

雨水回收

机房

蓄水池

叠水景观

雨水回收系统

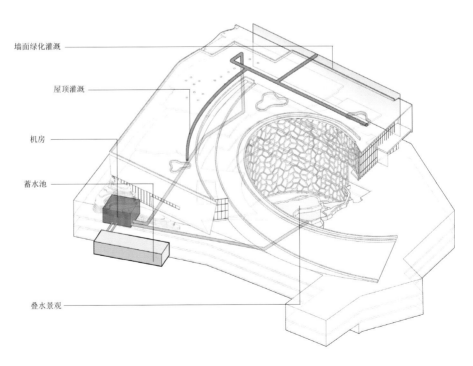

墙面绿化灌溉

屋顶灌溉

机房

蓄水池

叠水景观

雨水利用系统

地源热泵系统

　　地源热泵技术是一种利用地球表面浅层的地热能资源进行供热、制冷的高效、节能、环保的技术。地源热泵通过输入少量高品质能源（电能），实现低温热能向高温热能的转移。地热能在冬季作为热泵供热的热源；在夏季作为热泵制冷的热汇。地源热泵系统初期投资较高，但运行费用优势明显。从长远来看，拥有显著的优势。上海自然博物馆的空调冷源采用地源热泵与常规制冷系统相结合的空调形式。

　　空调冷源采用能效比较高的螺杆式冷水机组及螺杆式地源热泵机组（均设有部分热回收功能）各两台，可组成多种配置模式，采用大温差设计，夏季供回水温差为7℃，冬季为8℃，以节省水泵的运行费用，冷热源机房采用群控方式。

　　冬季热负荷不足部分由辅助热源——低压燃气热水器辅助热源补充，热水器设置在12米的屋面上，单台可供热量为82 kW。夏季冷负荷不足部分则由常规螺杆式冷水机组承担，其多余热量由冷却塔排出。

　　自然博物馆地源热泵采用灌注桩埋管与地下连续墙埋管两种形式（其中地下连续墙又分为外围地下连续墙和地铁连续墙两部分）。

　　1. 灌注桩埋管

　　灌注桩埋管393个，有效深度45米，采用 W 型埋管（每一个利用的灌注桩为一口井），每四口井（个别例外）并联为一个回路，分别连接到相应的 1#，2#，3# 检查井。

　　2. 地下连续墙埋管

　　（1）外围地下连续墙（D1，D2，D3，D4）

　　D1 型地下连续墙内 161 个，有效深度 35 米；D2 型地下连续墙内64 个，有效深度 38 米；D3 型地下连续墙内 37 个，有效深度 30 米；D4 型地下连续墙内4个,有效深度34米（外围地下连续墙总计266个）。

　　（2）地铁连续墙（D6）

　　地下连续墙采用 W 型埋管，每一幅地下连续墙内有四口井（个别例外），并联为一个回路，分别连接到相应的检查井。设计中，灌注桩和地铁连续墙为一个埋管系统，设有 3 个检查井（1#，2#，3#），外围地下连续墙为一个埋管系统，设有 4 个检查井（4#，5#，6#，7#）。

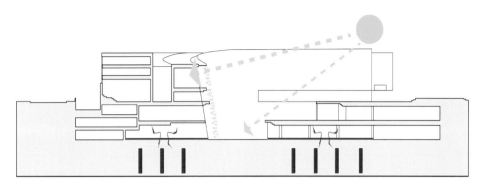

地源热泵冬季工作原理示意图

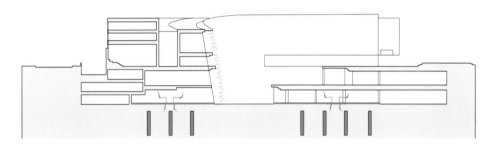

地源热泵夏季工作原理示意图

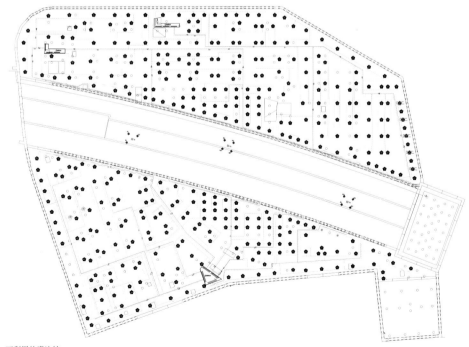

⬟ 可利用的灌注桩
⋮ 外围连续墙上埋管
┊ 地铁连续墙上埋管

地源热泵埋管位置图

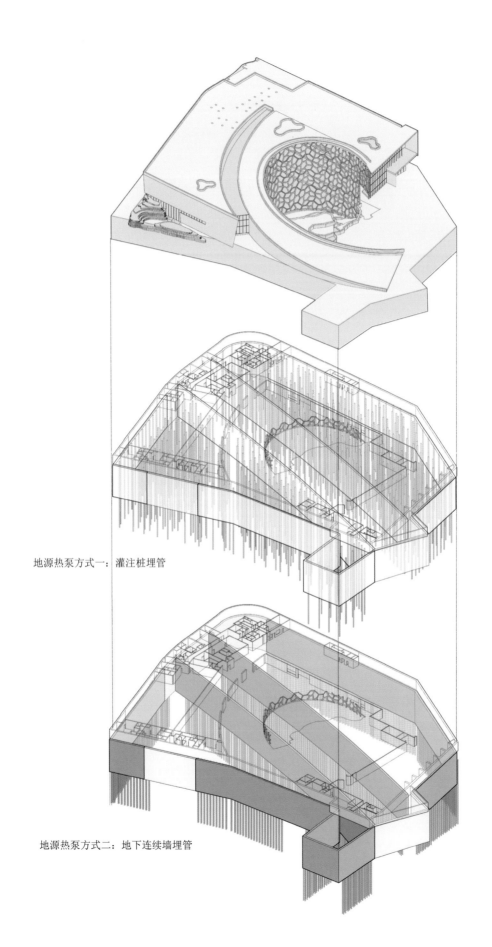

地源热泵方式一：灌注桩埋管

地源热泵方式二：地下连续墙埋管

地缘热泵配置方式

地缘热泵机房内景

轨道交通与防振

上海市轨道交通13号线自然博物馆站位于静安区大田路、新闸路、山海关路围合的60号地块内，呈南北走向。车站南端区间需穿越拟建自然博物馆地下室。

工程内有局部13号线明挖区间，开挖深度达25米；北侧待拆迁的房屋、西侧育才中学校舍及民宅等均在基坑开挖两倍深度范围内。由于基坑开挖较深、面积较大，因此必须严格控制基坑开挖引起的地表沉降，以及对周边地下管线、相邻基坑和建筑物的影响，保证周边环境及设施的安全。

自然博物馆本身根据功能需要，设计两层地下空间，底板埋深加深。13号线区间线路和自然博物馆站的埋深受自然博物馆底板埋深控制，同时，为了尽可能减小区间隧道振动和噪声对自然博物馆的影响，最终确认明挖矩形隧道形式穿越方案。

明挖区间下穿自然博物馆方案

一方面为了满足业主的工程进度计划，另一方面为了配合地铁13号线的施工节点要求，上海自然博物馆工程基坑与地铁明挖区间基坑一起开挖施工，即先开挖至自然博物馆大基坑底，在博物馆大底板施工过程中，继续开挖中间的明挖区间落深基坑，之后与自然博物馆地下室一同回筑至地下室顶板。13号线区间与自然博物馆结合，以明挖区间形式下穿博物馆，博物馆底板与区间隧道顶板合一，线路埋深受博物馆结构底板面标高 -13.0 米控制，区间纵坡 2‰ ~ 3‰，线路同时考虑到预留后期区间隧道沉降等因素，相应区间线路轨面标高为 -20.122 米 ~ -19.689 米。该方案的车站规模为 158 米 × 19.9 米，基坑开挖深度为 25.4 米，站中心轨顶标高为 -20.46 米。

施工过程中主要采用了三种技术措施：①地铁车站与博物馆地下室在车站与区间位置采用了围护共墙设计，充分利用地下空间；②博物馆段区间采用明挖法施工，对车站、山海关路下明挖段、地块内明挖段、博物馆上部开发作整体沉降协调耦合，纵向全长 350 米（车站及区间段）设桩；③地铁明挖区间隧道位于博物馆地下室大基坑中，为坑中坑形式，博物馆地下室基坑与地铁区间隧道明挖段结合一体化施工。

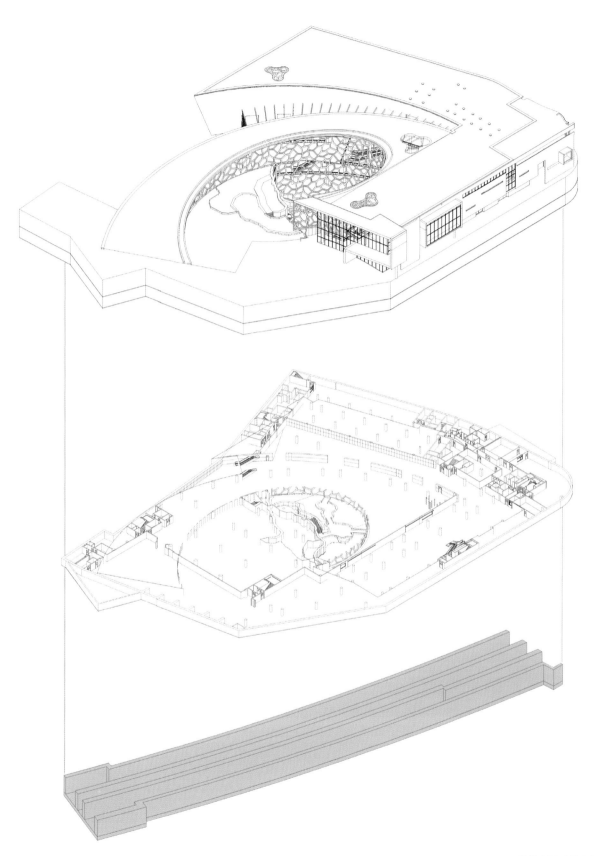

轨道交通区域分解图

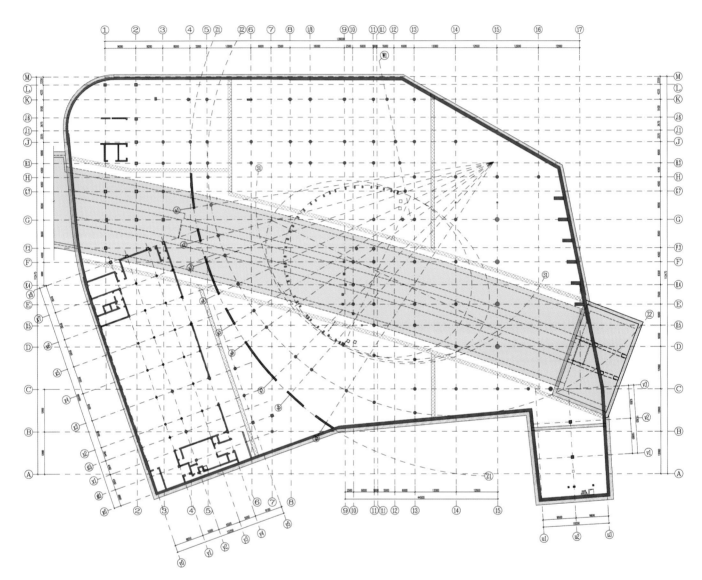

轨道交通区底板位置

明挖矩形隧道方案优势在于：①与盾构隧道相比，明挖区间隧道内空间大，可采取的隔振降噪的措施也相应较多；②与博物馆结构形成整体，明挖区间段轨面标高控制在 -20 米左右，比盾构方案抬高约 3.5 米，减少了车站工程规模及施工风险；③不存在盾构穿越博物馆围护墙的问题。

地铁穿越自博馆的振动噪声控制技术

上海自然博物馆作为大型公共建筑，对振动和噪声有严格的控制要求，由于国内尚无成熟的成果可以应用，因此对轨道交通 13 号线穿越自然博物馆的关键技术进行专项研究。

地铁穿越结构的振动仿真分析

考虑轨道正常养护条件下的常规随机不平顺，地铁列车产生的动轮载可见右图。

考虑双线会车的最不利情况，在地铁列车动载作用下，自然博物馆地下二层底板的动力响应可见底板动位移时程曲线。

采用明挖矩形区间隧道与自然博物馆结构成为一体，整体自重扩张，质量增大。振动强度的加速度很小，并很快衰减。

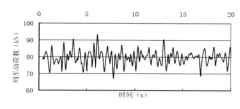

列车产生的动轮载

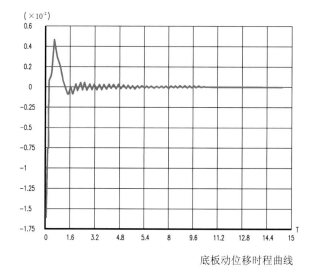

底板动位移时程曲线

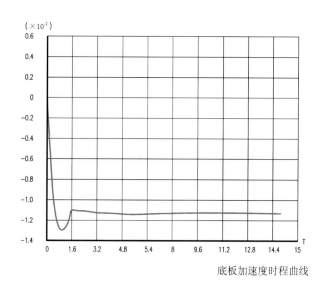

底板加速度时程曲线

轨道交通施工照片

轨道结构、建筑物隔振吸声技术研究

因明挖矩形隧道内部空间大，在减振降噪技术应用方面，利于实施各项技术措施，且效果较好。主要措施有三项。

1. 有砟浮置板轨道结构

有砟浮置板轨道结构是当前减振降噪性能最好的轨道结构。此类轨道结构由于采用了道砟，因而具有一定的降噪效果；由于采用了浮置板型的道砟槽，因而具有较好的吸振性能。轨道结构采用 30 厘米厚的道砟，采用特殊设计的高阻尼隔振弹簧系统。该系统在国外已得到成功应用。

2. 钢轨吸振技术

在钢轨腹部粘贴减振橡胶，以增加振动质量。同时，采用复合阻尼钢轨，这种阻尼钢轨对于各种频率都有较好的减振效果，即宽频带减振效果。根据国外有关资料显示，钢轨减振对于直线段滚动噪声可降低 3 ～ 6 dBA，对于曲线路段啸叫噪声可以降低 9 ～ 12 dBA。

3. 矩形隧道内降噪技术

为减弱隧道内因刚性壁面对声波多次反射而产生的混响声（实测结果表明，列车行驶噪声可比地面上开阔地提高十几分贝），以及避免因高声强激发隧道壁面振动而产生的固体声传播并由此产生的二次声辐射，隧道壁面第三部分减振降噪分析应安装宽频带高效吸声结构，该吸声结构的声学特性应与声源（即列车行驶噪声）的频率特性一致。从安全角度考虑，吸声结构应确保牢固，避免脱落，并具有防潮性能。在隧道顶部采用吸声材料，即在高于轨面 1 米以上的隧道侧墙采用吸声材料，预埋件间距 500 毫米 ×500 毫米，吸声结构单元尺寸 500 毫米 ×500 毫米。

综合能耗控制平台

根据《公共建筑节能设计标准》（GB 50189—2005），建筑空调、照明系统的全年设计能耗值为 6 021.49 MWh，而上海自然博物馆建筑空调、照明系统的全年设计能耗值为 4 639.90 MWh，全年实测能耗值为 4 305.15 MWh。通过对比，自然博物馆的设计能耗、实测能耗分别为基准能耗的 77% 和 72%，建筑设计总能耗低于国家批准或备案的节能标准规定值的 80%。

采用 IES（VE）能耗模拟软件计算出的分项能耗设计值与实际值

建筑分项能耗	单位	参照建筑设计值	设计建筑设计值	设计建筑实测值
全年采暖能耗	kWh/ ㎡	—	—	—
全年空调能耗	kWh/ ㎡	75.21	54.17	58.8
全年照明能耗	kWh/ ㎡	58.34	48.74	36.69
全年动力能耗	kWh/ ㎡	3.22	3.22	2.32
全年特殊用电能耗	kWh/ ㎡	36.22	36.22	27.04
全年空调、照明能耗	kWh/ ㎡	133.55	102.91	95.49
全年总能耗	kWh/ ㎡	172.99	142.35	124.85
空调、照明能耗比例	—	100%	77%	72%

运用软件可以对博物馆的能耗进行实时监测，比如用电分项计量涵盖以下四个方面。每日 8 点自动抄表，并形成 excel 文档。

照明插座用电：分别计量主要功能区域的照明和插座用电、走廊和应急照明用电、珍贵品照明及室外景观照明用电。

空调用电：分别计量地源热泵机组用电、冷水机组用电、冷却水泵用电、冷冻水泵用电、冷却塔用电、恒温恒湿空调用电、空调末端用电和机房 VRV 用电等。

动力用电：分别计量电梯用电、自动扶梯用电、给排水泵用电和消防动力用电等。

特殊用电：分别计量数字化特种影院及入口屏幕用电，厨房动力用电、消防安保中心用电、柴油发电机站用电、移动通讯机房用电和变电所用电等。

能耗平台首页

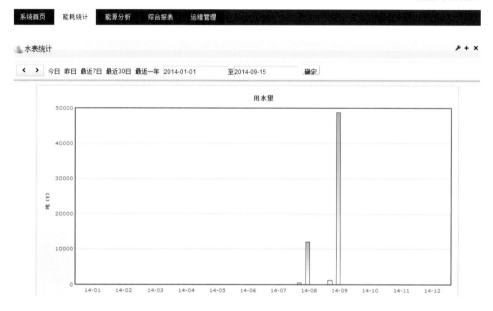

日水量统计

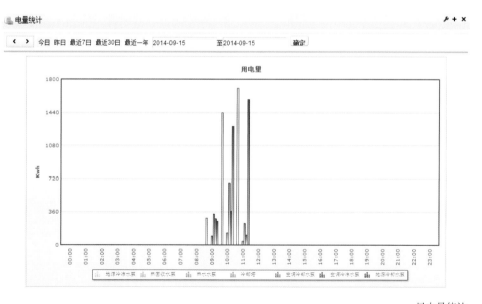

日电量统计

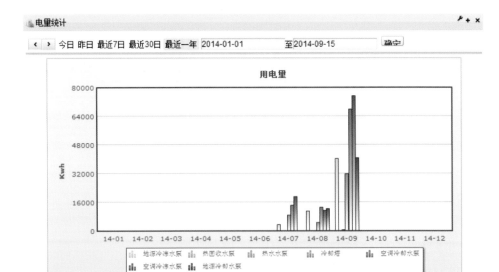

不同设备用电量统计

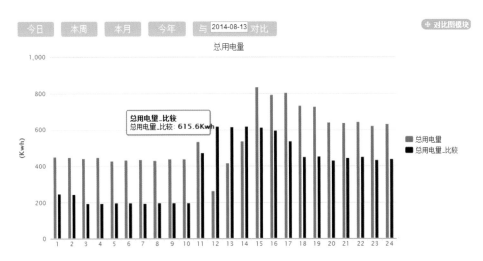

不同日期用电量统计对比

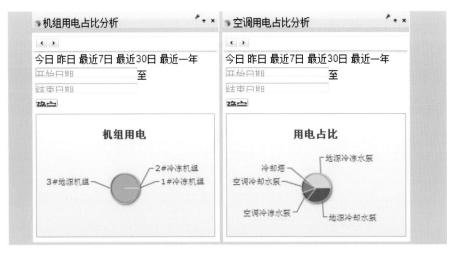

机组及空调用电占比分析

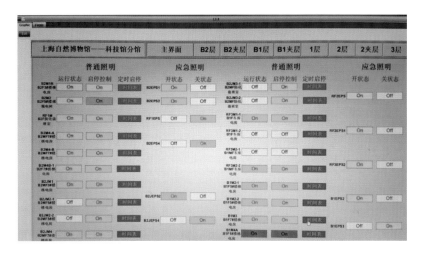

地下照明控制平台

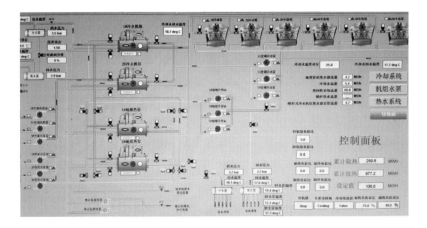

空调系统控制平台

安防监控系统控制平台

附录

附录 A　工程大事件

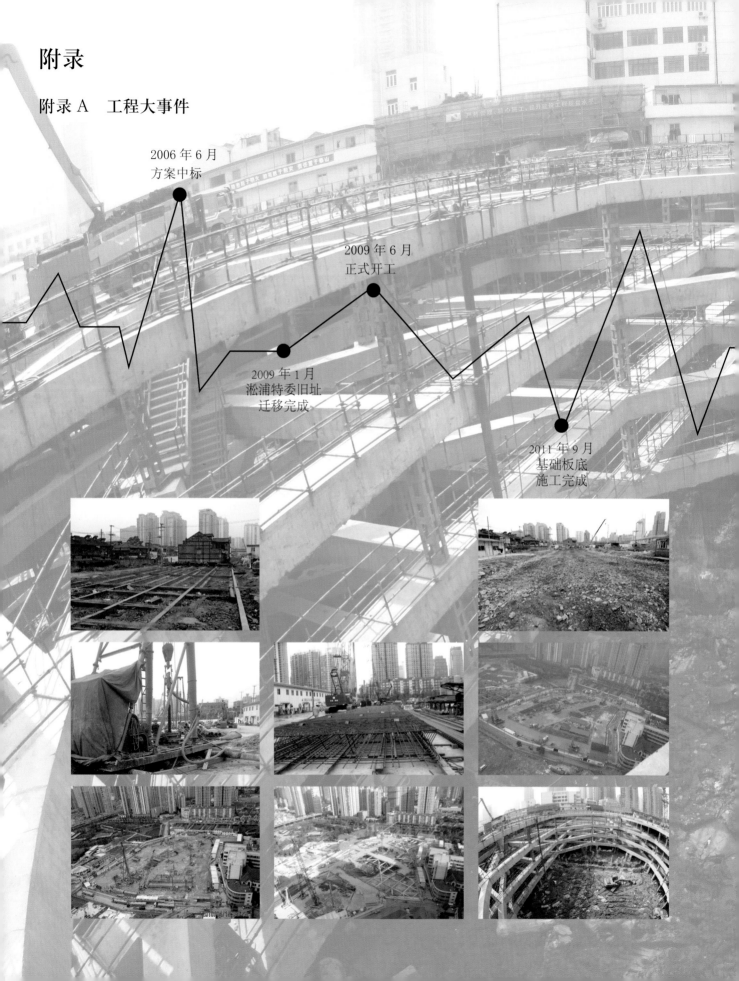

2006 年 6 月
方案中标

2009 年 6 月
正式开工

2009 年 1 月
淞浦特委旧址
迁移完成

2011 年 9 月
基础板底
施工完成

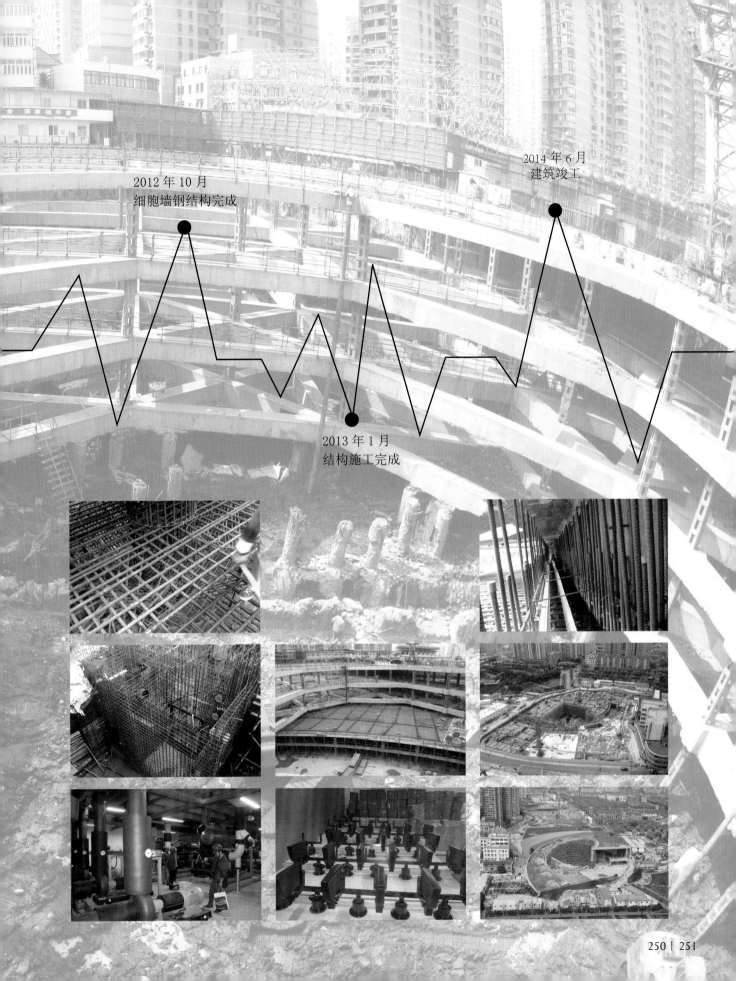

2012 年 10 月
细胞墙钢结构完成

2014 年 6 月
建筑竣工

2013 年 1 月
结构施工完成

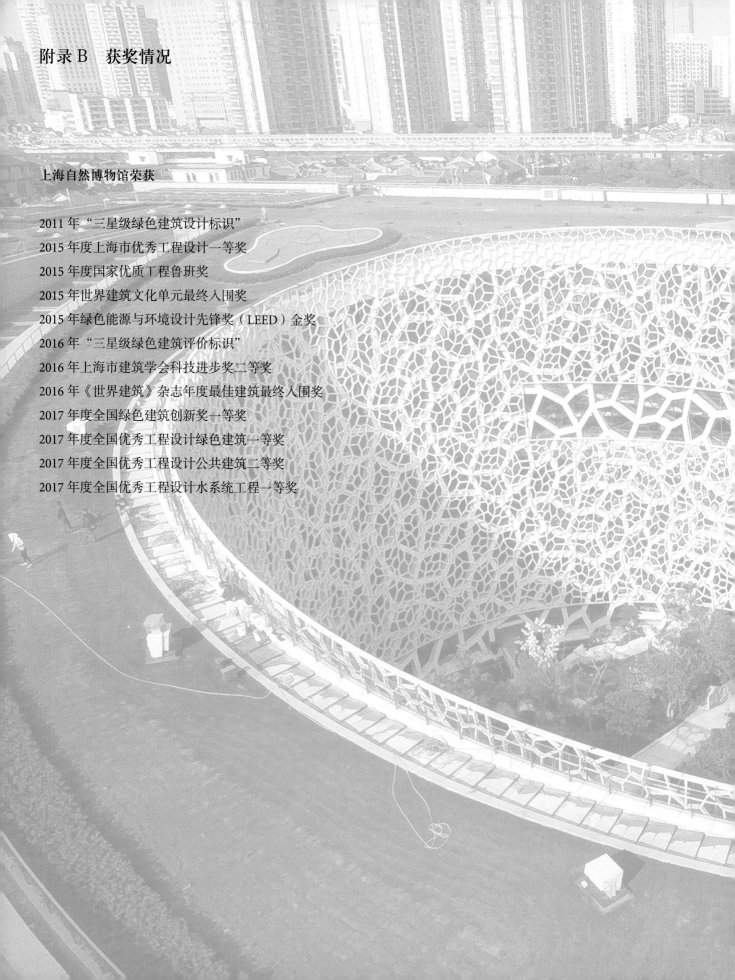

附录 B 获奖情况

上海自然博物馆荣获

2011 年"三星级绿色建筑设计标识"

2015 年度上海市优秀工程设计一等奖

2015 年度国家优质工程鲁班奖

2015 年世界建筑文化单元最终入围奖

2015 年绿色能源与环境设计先锋奖（LEED）金奖

2016 年"三星级绿色建筑评价标识"

2016 年上海市建筑学会科技进步奖二等奖

2016 年《世界建筑》杂志年度最佳建筑最终入围奖

2017 年度全国绿色建筑创新奖一等奖

2017 年度全国优秀工程设计绿色建筑一等奖

2017 年度全国优秀工程设计公共建筑二等奖

2017 年度全国优秀工程设计水系统工程一等奖

附录 C　合作机构

设计单位：同济大学建筑设计研究院（集团）有限公司

合作设计：美国帕金斯维尔（Perkins+Will）建筑设计事务所

展陈方案设计：卡拉格（Callagher & Associates）联合设计事务所

展陈施工图设计：上海美术设计研究院

绿建顾问单位：同济大学建筑设计研究院（集团）有限公司技术发展部

LEED 顾问单位：上海绿之都建筑科技有限公司

业主：上海科技馆

施工总包：上海建工（集团）总公司

施工监理：上海天佑工程咨询有限公司

勘察：上海岩土工程勘察设计研究院有限公司

附录 D 参考资料

专著及期刊：

[1] 云思. 博物馆的"智慧化生存"[J]. 上海信息化, 2016（3）: 59-62.

[2] 夏征农, 陈至立, 主编. 辞海 [M]. 6 版. 上海: 上海辞书出版社, 2010.

[3] 胡永红. 世界著名植物园之旅——法国国家自然历史博物馆 [J]. 园林, 2005（5）: 4-5.

[4] 华惠伦. 美国自然历史博物馆 [J]. 科学, 1989（4）: 260.

[5] 楚妗. 会呼吸的建筑——走进美国加州科学博物馆 [J]. 中华建设, 2012（3）: 56-57.

[6] Torben Eskerod. C. F. Moller 达尔文中心二期工程 [J]. 中国建筑装饰装修, 2011（3）: 250-257.

[7] 楼锡祜. 中国的自然博物馆 [J]. 科普研究, 2009（4）: 61-67.

[8] 崔雪芹, 孟瑶. 一切源于自然——走进北京自然博物馆 [J]. 科学新闻, 2013（12）: 66-67.

[9] 段世峰. 上海科技馆 [J]. 时代建筑, 2001（6）: 70-73.

[10] 甄朔南. 从全球视野看自然历史博物馆的起源、发展与成就以及我国自然历史博物馆展示策划的思考 [A]// 康熙民, 孟庆金, 主编. 在传播科学中传承文明 [M]. 北京: 文物出版社, 2007.

[11] 张小澜. 自然博物馆的绿色使命及其可持续建设初探 [J]. 中国博物馆, 2014（2）: 107-111.

[12] 江东妮, 沈宁. 会议上海自然博物馆的初创——陈赛英女士访谈录 [J]. 中国科技史杂志. 2010（1）: 86-93.

[13] 马承源. 上海文物博物馆志 [M]. 上海: 上海社会科学出版社, 1997: 286.

[14] Steven Holl. Anchoring[M]. NY: Princeton Architectural Press, 1989: 9.

[15] 隈研吾. 负建筑 [M]. 山东: 山东人民出版社, 2008.

[16] 蔡子为. 以展示陈列为主导的自然博物馆使用功能研究论文 [D]. 重庆: 重庆大学, 2010.

[17] 李硕. 自然博物馆建筑设计特点探讨——以重庆自然博物馆新馆方案为例 [D]. 重庆: 重庆大学, 2009.

[18] 约瑟夫 • 派恩, 詹姆斯 • 吉尔摩. 体验经济 [M]. 毕崇毅, 译. 北京: 机械工业出版社, 2012.

网站：

[1]The World Museum Community. ICOM Missions[EB/OL]. http://icom.museum/the-organisation/icom-missions/. 2017-11-20.

[2] 美国加州科学馆: 世界上最大的绿色屋顶 [EB/OL]. http://wiki.zhulong.com/jn202/topic609618_b.html. 2017-10-15.

[3]Our Green Building[EB/OL]. https://www.calacademy.org/our-green-building.2017-10-20.

[4]Explore science and nature in the Darwin Centre's Cocoon[EB/OL]. http://www.nhm.ac.uk/visit/galleries-and-museum-map/darwin-centre.html. 2017-11-20.

[5] 北京自然博物馆: http://www.bmnh.org.cn/.

[6] 上海科技馆: http://www.sstm.org.cn/.

[7]American Museum of Natural History: https://www.amnh.org/.

[8] 上海自然博物馆: http://www.snhm.org.cn/.

附录 E　图片来源

P12 大英博物馆外景

http://blog.sina.com.cn/s/blog_720abe760102x9ec.html

P13 法国国家自然历史博物馆内景

http://static.thousandwonders.net/Mus%C3%A9um.National.
d'Histoire.Naturelle.original.9053.jpg

P14 法国国家自然历史博物馆平面图

http://www.mnhn.fr

法国国家自然历史博物馆外景

http://files.offi.fr

P15 美国自然历史博物馆内景、美国自然历史博物馆外景

http://www.alux.com/wp-content

https://peru.com/mundo/usnews/eeuu-5-museos-famosos-
que-debesvisitar-washington-dc-noticia-400715

P17 美国加利福尼亚科学院博物馆、美国加利福尼亚科学院博物馆平面图、美国加州科学院博物馆剖面图

https://gigaom.com/wp-content/uploads/sites/1/2008/09/cal-
academy04_30.jpg

http://www.archweek.com/2009/0121/images_/14065_
image_7.jpg

http://www.arch2o.com/california-academysciences-renzo-
piano-building-workshop/

P18 "达尔文中心"二期剖面图

http://www.worldarchitecturenews.com/news_
images/1729_3_1000%20Natural%20History%204.jpg

P19 "达尔文中心"二期内景、"达尔文中心"二期外景

https://acdn.architizer.com/thumbnails-PRODUCTION/fd/fd/
fdfda4c231edef72c01c3b28d1f4972c.jpg

http://www.skyscrapernews.com/images/
pics/5417DarwinCentrePhase2_pic1.jpg

P21 北京自然博物馆内景、北京自然博物馆外景

https://zh.wikipedia.org/zhcn/Wikipedia%3ACC_BY-SA_3.0

%E5%8D%8F%E8%AE%AE%E6%96%87%E6%9C%AC

https://zh.wikipedia.org/zhcn/Wikipedia%3ACC_BY-SA_3.0
%E5%8D%8F%E8%AE%AE%E6%96%87%E6%9C%AC

P22 上海科技馆内景、上海科技馆外景

http://img.mp.sohu.com/upload/20170627/9c64dce373c74b98
8be09dc9dab10636_th.png

http://www.kepu.gov.cn/kxsh/kxly/201308/
W020130802422719319419.jpg

P27 亚洲文会大楼

http://my-rhyme.net/1223#comments

P28 震旦博物馆外景

http://blog.sina.com.cn/s/blog_5d1bdf480101gees.html

P29 震旦博物馆内景

http://blog.artintern.net/article/205836

P31 上海自然博物馆老馆

http://blog.sina.com.cn/s/blog_5d1bdf480102ux4o.html

P80 设计概念图、P83 概念草图、P94 景观意象、P95 景观设计、P123 石材幕墙设计概念分析由帕金斯维尔建筑设计事务所提供

P86 "细胞墙"的概念来源

nipic.com，flickr.com，microglobalscope.org

书中未标明出处的实景照片由章鱼工作室、邵峰、李岩松等人拍摄。